海错图

彭皓 著

梦创动漫 绘

北京理工大学出版社
BEIJING INSTITUTE OF TECHNOLOGY PRESS

图书在版编目（CIP）数据

故宫里的神奇动物. 海错图 / 彭皓著 ; 梦创动漫绘
. -- 北京 : 北京理工大学出版社, 2022.11
ISBN 978-7-5763-1705-3

Ⅰ. ①故… Ⅱ. ①彭… ②梦… Ⅲ. ①水生动物—海洋生物—少儿读物 Ⅳ. ①Q95-49

中国版本图书馆CIP数据核字(2022)第170812号

出版发行 / 北京理工大学出版社有限责任公司
社　　址 / 北京市海淀区中关村南大街 5 号
邮　　编 / 100081
电　　话 / （010）68914775（总编室）
（010）82562903（教材售后服务热线）
（010）68944723（其他图书服务热线）
网　　址 / http: //www.bitpress.com.cn
经　　销 / 全国各地新华书店
印　　刷 / 三河市金元印装有限公司
开　　本 / 880 毫米 × 1230 毫米　1/16
印　　张 / 11.5
字　　数 / 145千字
版　　次 / 2022 年 11 月第 1 版　2022 年 11 月第 1 次印刷
定　　价 / 69.00元

责任编辑 / 龙　微
文案编辑 / 徐艳君
责任校对 / 刘亚男
责任印制 / 施胜娟

目录

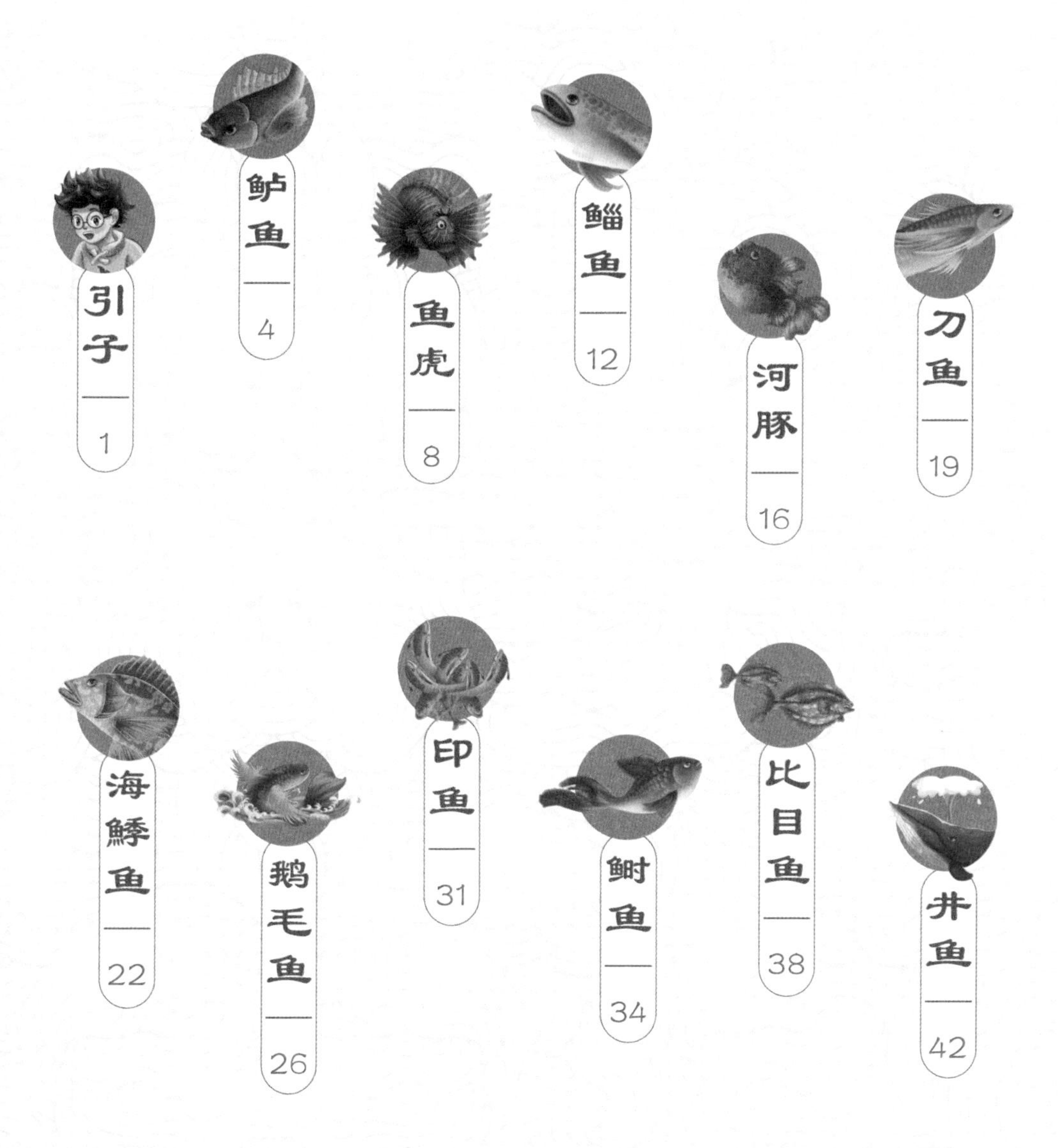

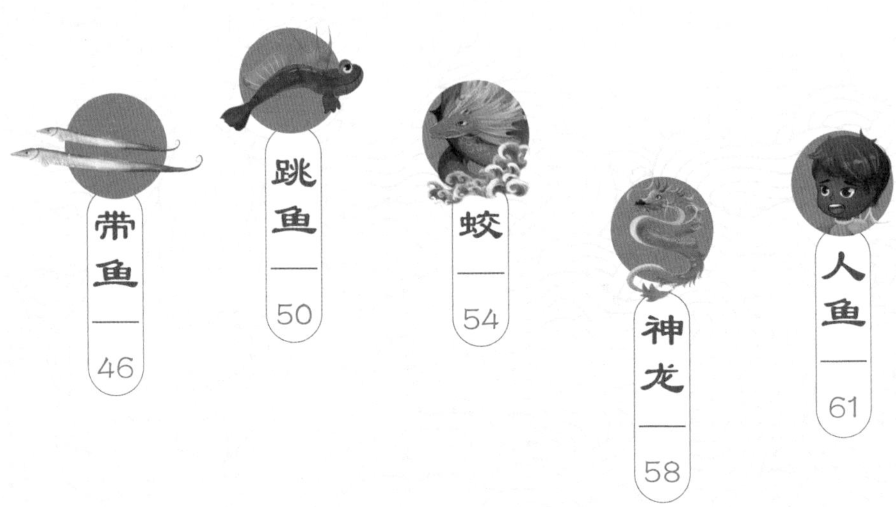

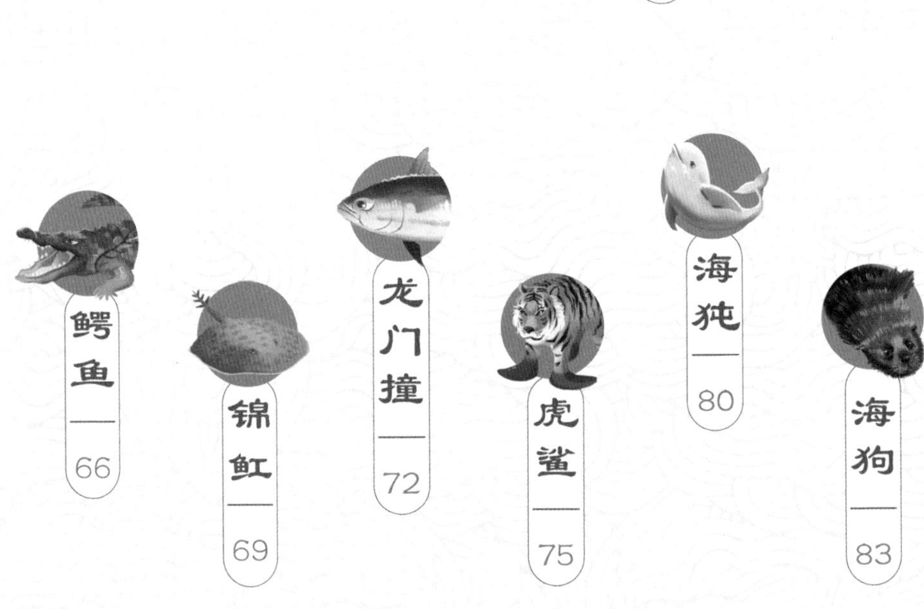

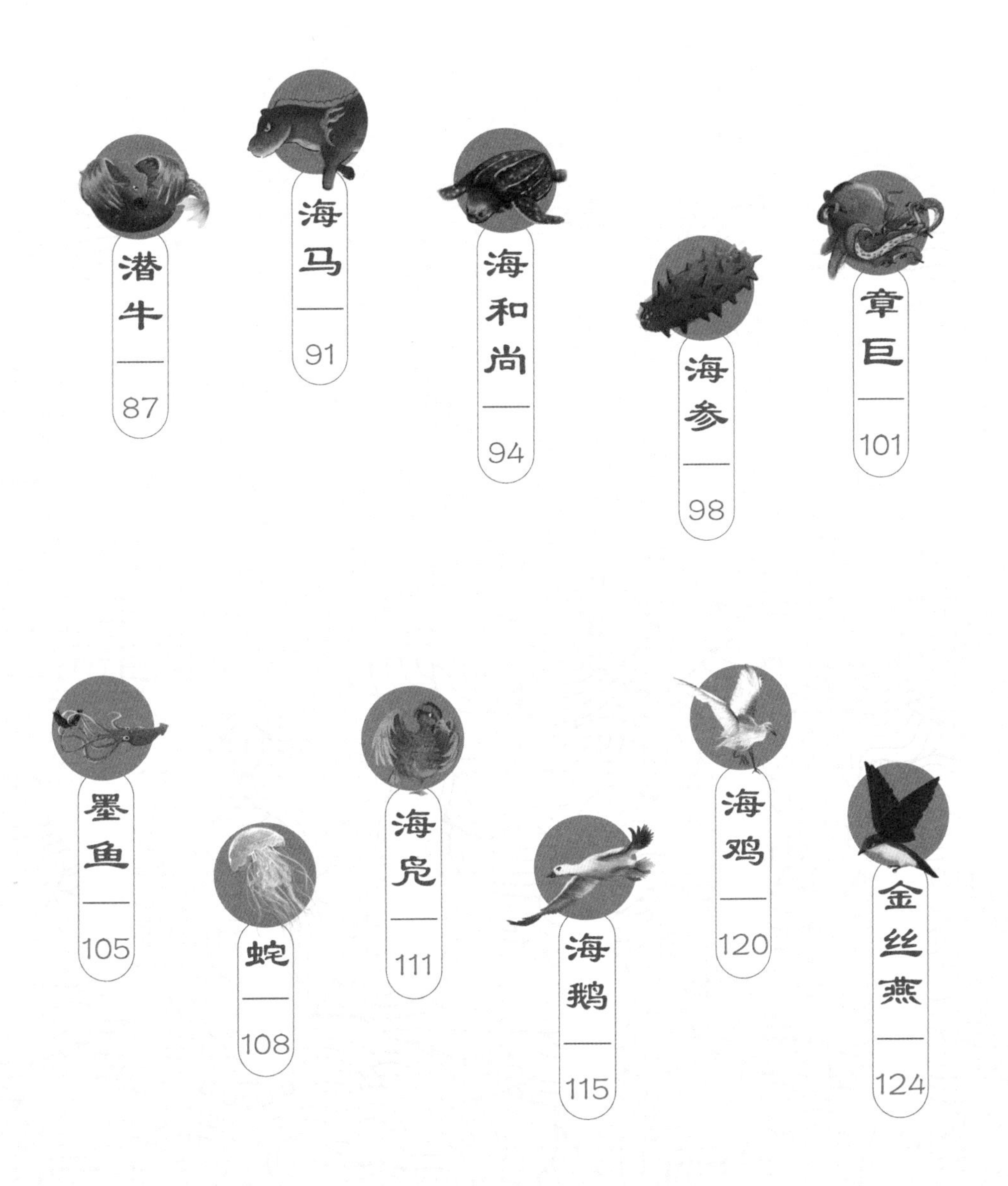

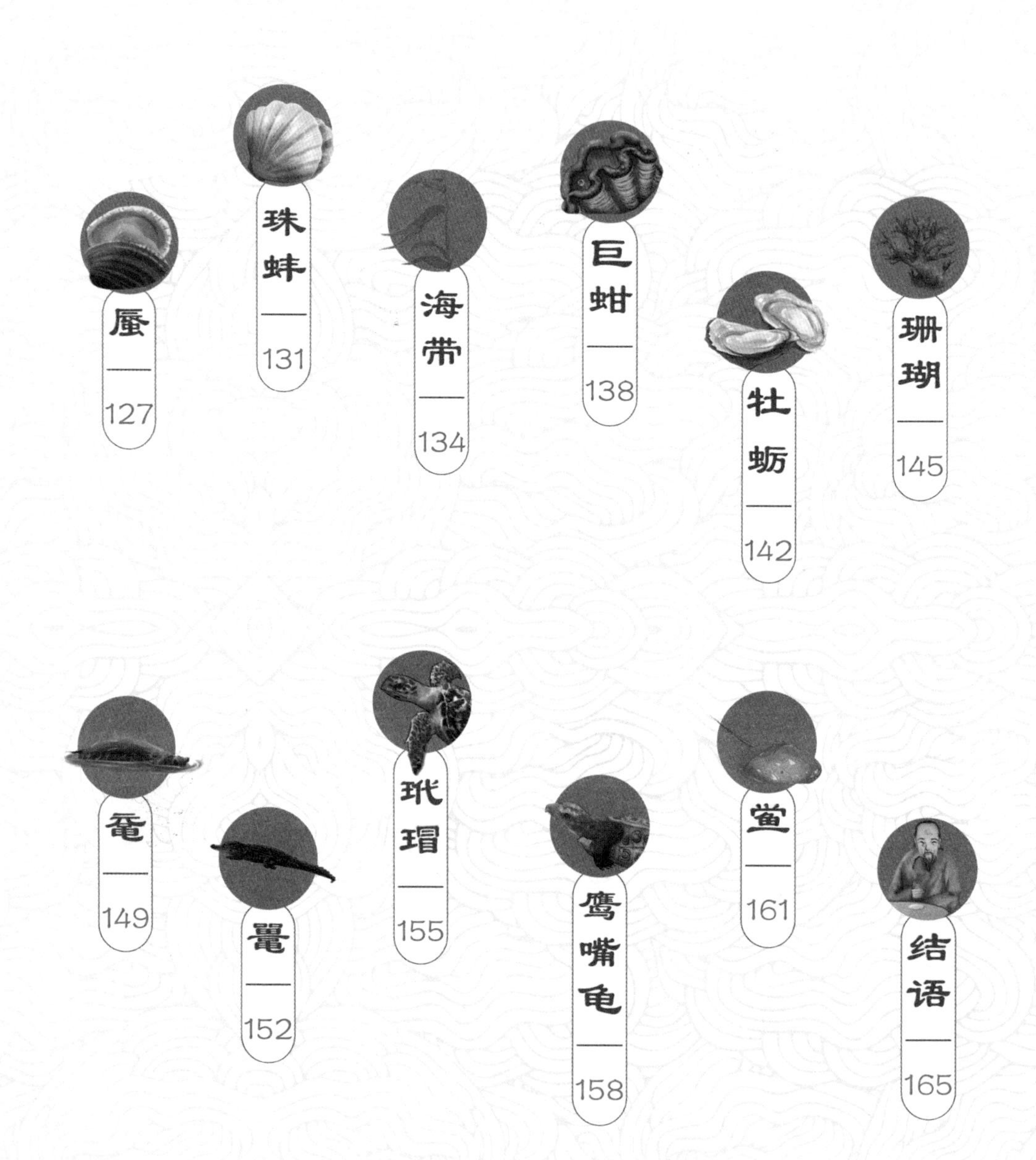

引子

从故宫飞羽笔记的梦境回到现实，我便一头扎进爷爷的书房，到处翻找像《兽谱》《鸟谱》一样可以作为任务的图册。功夫不负有心人，还真让我找到一本，发黄的旧封面上写着“海错图”三个繁体大字。

我迫不及待地打开书准备阅读，可很快就放弃了，因为……看不懂！竖版，繁体字，没有标点，还有很多生僻字，我头昏眼花地看了好几分钟才读完两句话。

只能向白泽求助了。我拿出白泽送给我的毛笔和神兽信笺，开始“写信”。这种神兽信笺是有魔法的“高科技”，我写下的文字，白泽在另一张信笺上立刻就能看到，还能给我回信呢。

我开门见山地问：“白泽，白泽，我发现一本《海错图》，可是看不懂怎么办呀？”

“让我给你翻译翻译？”白泽立刻回复，“没问题！”

“翻译多没意思呀！”

“那你想干什么？”

“不如我们一起去走走？”

“又要执行任务？你还真是待不住呢！”

“爱探索，爱发现，我就是最聪明、最可爱的小皮蛋！哈哈！”我不失尴尬地为自己加油。

“好吧！”白泽大概是叹了口气，立刻同意了我的建议，“新任务创建，准备出发——故宫海错笔记！”

神兽做事果然高效，不过，我纳闷儿了：“为什么叫‘故宫海错笔记’呢？难道《海错图》也是出自故宫吗？”

“又不知道了吧！”白泽转瞬间已经拽着貘出现在了我的面前，奶声奶气地说，“《海错图》的作者是清代画家聂璜——一位民间旅游发烧友。他喜欢海洋生物，发现竟然找不到一本相关的图书，便决定自己写一本。聂璜翻阅典籍，又沿着海岸到处游历，亲身向渔民请教，用了好多年才完成了这本图册。”

“这和故宫有什么关系呢？”我还是不明白。

白泽说：“这么好的图书，在那个年代当然会引起皇家的注意了！在雍正四年，也就是1726年，它被送入了紫禁城中，自此成了皇家藏品。”

“那聂璜呢，他去哪里了呀？”

“这个嘛！聂璜在完成这本画册以后，就销声匿迹了。有人说，他心愿已了，回乡隐居去了；还有人说，他探访海岛时遇到仙山，做神仙去了……”

“看来你也不知道呀！难怪这么痛快就同意设立这任务，是不是想和我一起去寻找答案？”

“我可是无所不知的……”

白泽还想狡辩，旁边的貘已经不耐烦了：“你们还有完没完，赶紧说进入哪个梦境，不然我可自己睡觉了。”

“要想知道《海错图》创作的真相，就得进入聂璜的梦境；要想进入聂璜的梦境，只能利用《海错图》原本上凝聚的作者的精神力；原本倒是在故宫博物院里，可是年代太久远……”白泽喃喃自语，“谁的梦境与那个时代有关联呢？”

“小弘历！”我们异口同声地叫道。

“我知道啦，就是上次那个小娃娃！”不耐烦的貘一脚将我们踢入了梦境。

醒来时，我们已经来到了紫禁城。“这就是《海错图》刚被送进宫的1726年。你们自己玩吧，有事喊我！”貘丢下一句话就跑了，留下我和白泽面面相觑。

1726年的紫禁城看起来和现代的故宫没有什么区别，只是多了很多人，太监、宫女、侍卫……天哪，我们好几次差点儿被发现，吓得东躲西藏，连隐身都忘了！

还好，白泽不像我一样路痴，领着我绕来绕去，终于在一间小屋子里找到了小弘历，小家伙还是老样子，一点儿变化都没有。

“不对呀！”我说，“现在是1726年，按道理他这时十几岁了，应该是个比我还大的少年，你是不是搞错了？”

“搞错？”白泽不屑地说，“无所不知的白泽大人怎么会搞错！我是故意让他以八岁的样子出现的。除了关于《海错图》的部分，他的其余新增的记忆也被消除了。”

“这又是为什么？”

“因为你们人类呀，一长大了就变得不可爱了！身上多了一堆的臭规矩，童心没了，想象力也丢掉了，我可不喜欢和长大的人打交道。”

“你都几千岁了……”我小声地说道。

白泽不管我，忽然跳进屋中，跑到小弘历面前，一爪子挠在他的头上，大声说：“恢复吧，葫芦娃！”

葫芦娃是什么鬼？我目瞪口呆地看着这神奇的一幕。

小弘历愣了一会儿，然后激动地跳了起来，一把抱住我和白泽，大喊：“我就说不是做梦嘛！你们两个家伙终于来啦，我还以为再也见不到你们了呢！说吧，这次又有什么有趣的任务？”

聪明人交流起来果然容易。我说：“《海错图》你知道吧？这次的任务就是到梦境中追寻《海错图》作者聂璜先生的足迹！”

“我刚刚看完这本画册，聂先生可真是位奇人！”小弘历兴奋地说，“你们来得太巧了，书就在我这儿！”他在书案上找出一本厚厚的书，果然是《海错图》原本。

通过凝聚在书上的精神力，我们顺利地进入了聂璜先生的梦境，也正式开启了新的旅程——故宫海错笔记！

鲈鱼

貘说过，越是天真有趣的人，他的梦境就越奇妙。所以，刚一进入聂璜先生的梦境，我就能断定他是个非常非常天真，非常非常有趣的人。

这是一个蓝色的透明空间，四周飘浮着彩色的云朵，连阳光都梦幻般地闪烁着。是水中吗？可一点儿也感觉不到水的存在。是空中吗？可周围明明又有那么多奇异的海洋生物在游来游去。那些生物似乎是会思考的，它们偶尔停下来好奇地看着我们，大概是在想：这几条是什么鱼呀，长得可真奇怪。

就在我们惊叹不已时，更奇怪的一幕发生了。忽然一阵喧哗，一条青灰色的鱼惊慌失措地朝我们冲过来，在它身后，一条身体黄褐色、脑袋又大又扁的鱼气势汹汹地追赶着，还愤怒地大喊："给我站住！"

"鱼会说话……"小弘历正惊得张大嘴巴，这时，青灰色的鱼恰好冒冒失失地撞到了他的脸上，和他来了个四目相对，顿时逗得我和白泽捧腹大笑。

"抓住你了，你这个冒名顶替的坏家伙，快把画册上的位置还给我！"脑袋又大又扁的鱼，趁青灰色鱼和小弘历相撞的机会，赶了上来。

青灰色的鱼用胸鳍护住脑袋，一边挣扎，一边大叫："本是同根生，相煎何太急！聂先生画的是鲈鱼，咱俩都是鲈鱼，画谁在上面不一样呢？"

"可拉倒吧！"脑袋又大又扁的鱼气愤地说，"你是花鲈，人家聂先生本来要画的是我，松江鲈！"

"凭什么这么说？"花鲈不服气。

"苏东坡的《后赤壁赋》和李时珍的《本草纲目》里面都有我的大名，聂先生就是仰慕苏东坡才画鲈鱼的，怎么会是你！"

“不是，不是！”花鲈据理力争，“《后赤壁赋》和《本草纲目》上描述的明明就是我，花鲈！是他们弄错了名字！”

从它们的对话中，我大概明白了事情的原委。东坡先生在赤壁捕获的是花鲈，可是后人都错以为是松江鲈——所以松江鲈大名远扬，成了鲈鱼的代表。但聂璜先生创作《海错图》时，在鲈鱼词条中，画的却是花鲈，这让松江鲈非常不满，所以才有了这场纠纷。

看来争名夺利，不是人类的专属呀！我对花鲈说：“听起来，你也不是全无道理，而且它的个头儿不比你大，你为什么要这么害怕呢？”

花鲈一听，本来就不小的眼睛瞪得更大了，恍然大悟地说：“对呀！咱有理，咱怕啥！”说完回身张开大嘴，朝松江鲈扑去。

松江鲈一看，惊慌地说：“停、停、停，本是同根生，相煎何太急。咱们好好让人评评理！”

小弘历一手抓住一只，笑嘻嘻地说：“你们想怎么评理呀？是不是谁有理，谁就是人间美味，那我可就要大快朵颐啦！”

花鲈一听，吓得瑟瑟发抖，朝着松江鲈拼命大喊：“我不想被吃，不想被吃！鲈鱼的好名声都给你吧，都给你吧！”

“不想被吃可以，”我说，“不过你们要告诉我，刚才提到的聂璜先生现在在哪里？”

“对！”小弘历板着脸，故作严肃地说，“带我们去找他，我就放了你们。要是不能……哼哼，‘秋风起兮佳景时，吴江水兮鲈鱼肥’。”

“让它告诉吧，画册上的位置让给它啦！”花鲈高叫着，纵身一跃，跳出小弘历的手，逃向远方。

可怜的松江鲈被小弘历用两手紧紧抓住，呆若木鸡，不对，应该是呆若木鱼，只得委屈地答应带我们去寻找聂璜先生。

神奇秘语

《三国演义》中"左慈戏曹操"一节，曹操以生鱼片宴请众人，左慈笑道："可惜不是松江鲈鱼。"曹操说："松江远在千里之外，如何能取得？"左慈让人取来钓鱼竿，在堂下鱼池中钓鱼，没多久就钓了数十条大鲈鱼。曹操说："这鲈鱼本就是我鱼池里的。"左慈说："大王为何睁眼说瞎话？天下鲈鱼都只有两鳃，只有松江鲈鱼有四鳃。"众人上前查看，那些鱼果然是四鳃。

鱼虎

聂先生的梦境似乎无边无际，松江鲈带着我们像没头苍蝇似的转来转去，不知道走了多久，仍然是海天一色的景象。

小弘历不耐烦地问："你到底知不知道聂先生在哪儿啊？"

松江鲈害怕地缩成一团，但还是很诚实地回答："不知道。"

"不知道你瞎带什么路？"小弘历没好气地说。

"我在找我的邻居，它可能知道。"忽然松江鲈眼睛一亮，用胸鳍指着一个方向，"看，那就是我邻居！"

我们顺着它指的方向看过去，一条长得虎头虎脑的鱼进入了我们的视野。这么形容一条鱼其实挺奇怪的，但它真的就是虎头虎脑，头上和背上还长着许多像刺猬一样的刺，虽然个头儿不大，但一看就很不好惹的样子。

松江鲈大叫："鱼虎大人，鱼虎大人，他们要找聂先生。"

我好奇地问："鱼虎是什么鱼？"

小弘历盯着它看了又看，摇头："看起来不太好吃啊。"

"谁敢吃我！"鱼虎用它圆滚滚的大眼睛盯着我们打量半天，慢吞吞地说，"告诉你们吧，我不是鱼，是化生。"

"华生？我还是福尔摩斯呢。"我哈哈大笑。

鱼虎显然没听过福尔摩斯的大名，还以为我在说什么坏话，立刻鼓起嘴巴，身上的刺也都挺立起来，吓得我和小弘历连连后退。

"误会，误会！"白泽忙解释，"化生是古代的一种学说，认为一种生物可以变成另一种生物。相传，鱼虎上了岸就能变成老虎。"

"它个子这么小，怎么可能变成老虎？" 我表示十分怀疑。

"鲤鱼都能变成龙，我们怎么就不能变成老虎？"鱼虎不服气地说。

"你见过同类变成老虎吗？"小弘历问。

"没有！"鱼虎倒是诚实，"我又没去过岸上，怎么能看到呢！"

"没有人见过鱼虎变身，这家伙到底是不是传说中的鱼虎，我也说不清。"白泽说，"不过我知道海里有一种虎鲉 (yóu)，身上的斑纹和老虎非常相似，人们远远望去，就像有老虎在潜泳一般。"

"为什么不把它们抓上来好好看看呢？"

"因为这种虎鲉能分泌一种引起肌肉麻痹的毒素，中毒的人会非常危险，轻者呼吸困难，意识模糊；重者直接昏迷，甚至死亡。所以，有经验的猎食者和渔民都不会轻易去招惹它们。"

"这么危险！"我和小弘历不约而同地后退了好几步。

过了好半天，我才上前继续询问："原来你是虎鲉啊！你真的能分泌毒素吗？"

"哈——哈——哈——哈——你猜……"

"纸上得来终觉浅，绝知此事要躬行。难道你们不想验证一下吗？"松江鲈热切地看着我们。

"不，我们不想。"我十分怀疑它是想借鱼杀人，所以带我们来找鱼虎。连一条鱼都这么有勇有谋了吗？

小弘历也想到了这一点，笑眯眯地把它举起来："我倒是很想验证一下，松江鲈到底是不是有传说中那么好吃。"

“救命啊！救命啊！”松江鲈大喊，“小小年纪，你们可不能不讲信用！鱼虎大人快救救我吧！咱们鱼类可不能见死不救……”

但是鱼虎已经慢吞吞地游走了，只留下一句话：“我可不想继续做鱼了，我应该上岸去试一试，看看到底能不能变成老虎。等我成功了，再回来救你！”

化生，是古代人根据长期生活经验，加以丰富的想象得来的。譬如，古代南方旱灾时多蝗虫，涝灾时多虾。老百姓捕捉到它们，又发现味道非常类似，于是便提出“蝗虫化虾”的说法，即蝗虫入水能化为虾，虾出水则化为蝗虫。

zī
鲻 鱼

看到鱼虎不顾自己，径自游走了，松江鲈失望地撇着嘴巴，不知道该说什么。小弘历用精神力变出一张桌子和一块木板，将它丢在上面，用左手压住。

“这是做什么呀？”松江鲈好奇地问。

“做什么？做菜！”小弘历右手中出现一柄菜刀，笑眯眯地说，“今天我要请客，咱们就吃清蒸鲈鱼！”

“好哇，好哇！”馋嘴的白泽先叫了起来。

“别啊，别啊！”鲈鱼急得眼泪都流了下来，“饶命啊三位大人，我保证乖乖听话，带你们去找聂先生！”直到它再三保证，完成任务前绝不逃跑，小弘历才丢下菜刀、菜板，赦免了它。

不过松江鲈似乎的确没什么办法，它带着我们四处游荡，转了好半天也没有一点儿线索。小弘历气得又要做菜，我赶紧拦住他，提议道：“既来之，则安之，反正在梦境中时间有的是，我们就先探索一下聂先生的梦境吧。”

白泽也很赞同，于是我们开始了探索之旅。走着走着，前方不远处出现了一座亭子，亭子里有一位穿着白衣服、长着白胡子的老头儿，蹲在地上，用一把小铲子挖了一个小坑，又拿起小桌上的茶壶，往坑里倒了一些水，然后坐在石凳上，拿起鱼竿开始钓鱼。

“老爷子，您这是在做什么啊？”我走过去好奇地问。

白衣老头儿慢悠悠地说：“钓鱼，做菜。”

松江鲈又吓坏了，连忙躲到我们的身后。

“你那么难吃，躲什么躲！”老头儿白了松江鲈一眼，表情嫌弃极了，“我要钓的是鲻鱼，你想上钩还没机会呢！”

在地上挖个坑就能钓鱼？这老头儿不会是搞行为艺术的吧。

我正要问，小弘历先开口了，还恭恭敬敬地双手作揖：“您就是介君吧！”

白衣老头儿哈哈大笑：“想不到世上还有人记得我，不错，不错，我就是介象。”

介君？介象？到底是谁？我满头雾水，望向白泽。

白泽用意识传音告诉我：据《三国志》记载，介象是一位得道高人，被称为神仙。孙权非常尊敬他，尊称他为介君。但是介象不喜欢尘世的生活，就假死离开了。在吴国宫里时，孙权曾经和他讨论哪种鱼最美味，介象回答说是鲻鱼。孙权想要品尝，但鲻鱼生活在南海之中，吴国没有这种鱼。于是介象让人在大殿中挖了个池子，装上水，拿起鱼竿开始钓鱼。没想到真的钓出了鲻鱼，孙权于是得以品尝这道美味。

“鲻鱼，鲻鱼！”小弘历忽然高喊起来，“原来《三国志》里的记载是真的！真的能钓到鲻鱼，介君您真是太厉害了！”

只见一条宽吻短头，前圆后扁的鱼真的出现在了钓竿之上。介象微微一笑：“真

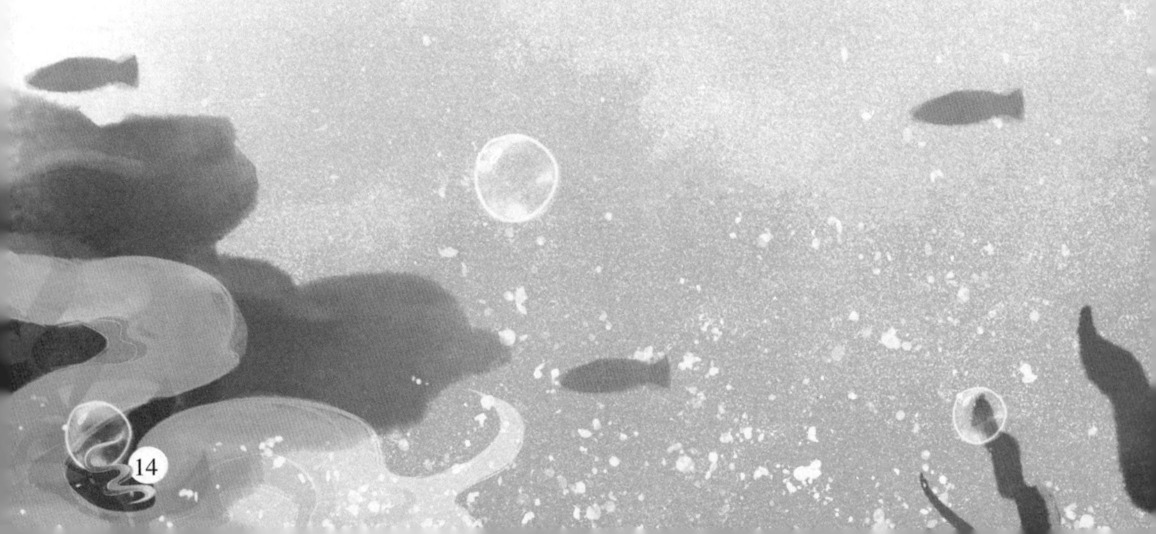

又如何，假又如何。真真假假，假假真真！”说完，将鲻鱼放回水坑里，抖抖衣襟，飘然而去。

这次轮到我惊讶得张大了嘴巴：“他真的是神仙吗？”

白泽摊开小爪子：“别忘了，这是聂璜关于《海错图》的梦境呀，我们看到的是他脑海中的故事，或许他认为介象的传说是真实的吧！”

也是，本来就在梦中，真真假假何必分得那么清楚。再一转身，水坑和鲻鱼都已经消失了，这可真是个神奇的梦境啊。我对聂璜先生更加好奇，更加神往了。

神奇秘语

介象与孙权吃鱼，孙权说：“听闻蜀地的姜很新鲜，可惜现在没有。”介象回答：“容易得到，您派个使者，我送他去买。”孙权唤出一名侍卫，介象写了一张符，放在青竹杖中，让侍卫闭上眼睛，骑在上面。侍卫只听耳边风声响起，不一会儿就到了蜀地。买完姜以后，他又闭眼骑上竹杖，很快就回到了吴国，这时厨子才刚刚把鱼切好。

河豚

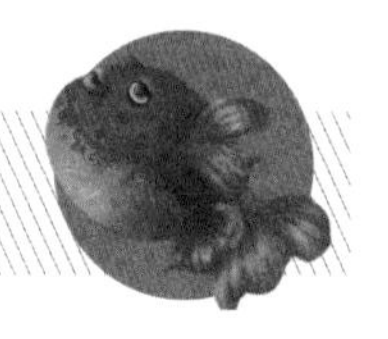

“你们觉没觉得这里很奇怪？”小弘历忽然神秘兮兮地说。

“什么啊？”我纳闷儿地问，“梦境本来就应该奇怪嘛！”

“不是，不是。”小弘历说，“我发现聂璜先生犯了个大错。”

“什么大错呀？”

“你看周围那些鱼，既有生活在海里的，也有生活在淡水里的。‘海错图’的名字，不太恰当啊！”

嗯，我一看，好像真是这样，不过不叫“海错图”又叫什么呢，河错图？水错图？听起来都不如海错图好听，而且大海多气派呀。

我表达了自己的想法，小弘历还没答话，松江鲈先鼓起肚子嚷道：“我说怎么会迷路呢，原来聂先生把河和海混到一起了呀，这儿根本不是我原来生活的环境，找不到路，可不能怪我呀！”

“不知道换了环境的鲈鱼，味道变没变呢？”小弘历故意拍了拍肚子。

松江鲈一听，又蔫了，低声抱怨：“吃吃吃，就知道吃，被你们抓到，可真惨。唉！人为刀俎，我为鱼肉，还是继续找吧！”

这时，忽然有人——不，是有鱼，大声喊道：“小江，他们是谁，你带他们在干什么？”

松江鲈一看有朋友来，欢喜得直摆尾巴，回头对我们说：“你们这些吃货，看到我朋友小豚了吗？没有人敢吃它的肉。”

松江鲈把前因后果一说，河豚头甩得像拨浪鼓：“千万别去找什么名人，你不知道越有名的人就越贪吃，我可不想被他们抓住。”

“你不是说自己有剧毒吗，怎么也怕人？”松江鲈不解地问。

“唉！剧毒也挡不住人类的馋嘴呀！”

“放心吧，他们不会吃你的。”白泽指着我和小弘历说，“我们这次出来不是为了吃，而是要了解你们鱼类，和鱼类做朋友呢！”

“真的？”河豚显然不怎么相信。

“你们不吃，我吃啊！哈哈哈，我最喜欢吃河豚了！”忽然，一个洪亮而欢快的声音说道。

“谁？谁这么坏？”小河豚转身一看，吓得跳了起来，“天哪，是苏东坡这个大吃货！听说他曾连续吃过上百场河豚宴，我们河豚家族最害怕的就是他了！”

苏东坡，就是写“明月几时有”的那个苏轼吗？我只知道他好吃，吃出了个“东

坡肉”，没想到河豚才是他的最爱呀。

显然小弘历比我还激动，他兴奋地跑过去，一边行礼，一边说：“东坡先生，能在这里遇到您可真是太幸运了，我叫弘历，是您的忠实粉丝，您可得给我签个名呀！”

苏东坡眼前一亮：“粉丝？是能吃的那种吗？和河豚放在一起好不好吃？”

小弘历赶紧解释：“不是吃的那种，意思就是我是您的忠实崇拜者。”

听说不是吃的，东坡先生顿时对他失去了兴趣，虎视眈眈地盯着河豚。可怜的家伙拼命鼓起肚子，试图吓唬他。

我担心小河豚被吓死，赶紧向苏东坡解释了事情的原委。

苏东坡抚摸着自己的大胡子：“原来是这样啊！我也在梦中？可为什么我还是那么想吃呢？”

因为你是天生的吃货呗！我心中暗想，却没有说出来。毕竟人家是震古烁今的大文豪，得恭敬一些。

“聂先生知道所有海里的生物？”东坡先生摸着肚子，“那我得和你们一起去拜访下，我吃遍了河里、湖里的美味，对海里的东西还知之甚少呢！”

有了苏东坡同行，小弘历不再关注河豚和松江鲈，挥挥手叫它们离开。两个小家伙如蒙大赦，赶紧一溜烟游走了！

苏东坡在常州，当地士大夫听说他喜欢吃河豚，便让家人专门烹制了一份宴请他。吃宴时，众人都躲在屏风后面，想听听苏东坡对烹好的河豚有什么评价。哪知道苏东坡一上桌就低头不语，只忙着吃、吃、吃。众人大失所望，这时忽然听到苏东坡感叹：“能吃到这么好的东西，就是死也值得了！”

刀鱼

作为一位名垂千古的美食家，东坡先生滔滔不绝地跟我们分享他的美食心得，就连最普通的猪肉，他也讲得头头是道：锅一定要洗干净，水最初要少放，木柴不可太大，需用不冒火苗的虚火来煨炖，等肉慢慢地熟，不要催它，火候足了，滋味才好……

野鸡肉也是一样，必须小火将锅烧热，倒入布满锅底的油，待油滋滋作响后，再放入切好的肉块，慢慢煎炙。这样煎出来的肉块，轻轻一咬，嫩脆酥松、颊齿留香。

讲了一道又一道菜，听得我们心驰神往，尤其是白泽，口水流了一地，全然没了神兽的庄严。

东坡先生最后又总结了一下：做菜的秘诀就是一个字“慢”，慢才能入味，慢才能将火候把握得恰到好处。然后意味深长地说：“人生也如做菜，急不得，急不得呀！”

好吧！难怪他那么开朗、乐观，原来都是吃出来的道理。

东坡先生似乎看出了我在想什么，笑着说：“衣食住行都是学问，人生的道理不一定非要去书本上翻找。”

说得真好，作为回报，我变出了很多现代美食跟他们分享。东坡先生吃得津津有味，赞不绝口。

小弘历一边喝着可乐，一边羡慕地说：“东坡先生，您说的很多美食，我听都没听过；您讲的那些地方，我也都没去过。真希望有一天，能和您一样，游览各地风土人情。”

“可别和我一样，我呀，是被发配到那么多地方去的！”东坡先生哈哈大笑。

“总被发配，您不觉得愤懑吗？”

东坡先生摇摇头：“愤懑有什么用？既来之，则安之。竹杖芒鞋轻胜马，谁怕？一蓑烟雨任平生。”

“我最喜欢您作的这首词！”小弘历听到东坡先生亲口吟出来的词句，兴奋起来，“一袭蓑衣，一根竹杖，独自走在烟雨迷蒙的江南……”

他还没说完，东坡先生听到“江南”两个字，立刻大声说：“江南，江南好啊！还有江南风物否，桃花流水鮆（jì）鱼肥。咦，那不是鮆鱼吗？”

东坡先生像是发现新大陆一般，兴奋地朝着前方跑了过去，一边跑，一边念叨：“春潮迷雾出刀鱼，刀鱼虽然刺多，但真的很美味呢！”

这下轮到我纳闷儿了：“怎么一会儿鮆鱼，一会儿刀鱼，东坡先生到底看到了什么？”

“鮆鱼就是刀鱼，刀鱼就是鮆鱼。”白泽解释道。

原来是这样，我们跟了上去，只见东坡先生正虎视眈眈地盯着一种体形又长又

窄又薄的鱼，那鱼长着银白色的鳞片，远远看去就如一把闪耀着寒光的刀一样。

我以为东坡先生一定会将刀鱼捉住，可他始终没有出手，直到刀鱼游走了，才拍着肚子说：“唉！真可惜，刚才吃得太饱了！”

“先生吃得太饱，可以给我们吗？我还从未吃过刀鱼呢！”小弘历早就想试一下偶像亲手做的美味佳肴了。

我也正有此意，准备飞过去，捉刀鱼。但白泽却把我俩紧紧拉住，小声说：“那刀鱼可是聂先生梦境里的重要角色，我们不能去破坏，这里的一切鱼类都不能随便吃掉！”

还有这种限制，好吧，我们只能遗憾地放弃快要到嘴的美味，一边听东坡先生分享他的人生故事，一边继续寻找聂璜。

神奇秘语

刀鱼，也就是鮆鱼，最早出现在《山海经》中。它们头部较长，但身体狭薄，腹背的形状如同刀刃，嘴边有两条硬胡须，鳃下面长着硬毛，肚子底下有锋利的硬角，整条鱼就像一把快刀。据说，人吃了这种鱼可以防治狐臭。

海鲚(jì)鱼

“越是美丽的东西就越危险，越是危险的东西就越美味。”东坡先生滔滔不绝地跟我们分享他的美食哲学，“要想吃到世上真正的美味，不冒点儿险是不成的。”

“这个道理我懂，”小弘历说，“就像鱼翅、熊掌，这样高级的食材，绝不是轻易可以得到的。”

“没有买卖，就没有杀害。”白泽显然不认同对动物的随意捕杀，“我虽然也是个吃货，但绝不赞成为了吃而大开杀戒！”

“说得对。”东坡先生赞成道，“正所谓‘有所吃，有所不吃’，合格的吃货也是要有底线的哟！”

“您在吃上有什么原则呀？”小弘历请教道。

东坡先生捋捋胡子，说：“随遇而吃。”

“我只听过随意而安这个词，随遇而吃又怎么解释呢？”

“有猪吃猪，有鱼吃鱼，可以讲究，但不可以铺张浪费；可以尝试新奇，但不能为了吃而专门杀戮。只有这样才能吃得心安理得，吃得踏实坦然。否则，再美味的东西，吃着不安心，还不如清粥粗饭。”

“那您尝过最新奇的东西是什么呀？”我问。

东坡先生思索一会儿，出神地说：“最新奇的，那应该属‘海鸡肉’了。那肉细嫩洁白，肥厚无骨，用鲜汤一炖，放入口中滑嫩无比，传说中的龙肝凤髓也不过如此……”

“什么是海鸡肉啊？”我从来没听过有海鸡这种生物。

白泽一边流着口水，一边科普：“海鸡肉不是海鸡的肉，而是石斑鱼的肉。这种鱼肉质紧致，洁白细腻，外表看起来和鸡肉类似，所以才被称为‘海鸡肉’。”

“对啊，对啊！”东坡先生连连点头，“小家伙知道得还挺多，就是海里的一种大鱼的肉。吃完海鸡肉，再用庐山玉帘泉瀑布的泉水煮一盏茶，哇，那真是人生巅峰啊！”

小弘历听得又羡慕又疑惑：“我也听说过有种石斑鱼，不过好像是有剧毒的，您不怕中毒吗？”

“这就需要冒点儿险了呀！你们不知道，吃了那样的美味，即便是死也不会后悔的！”

要吃不要命，原来大文豪竟是这么“疯狂”的人。不过网上对石斑鱼的毒性有详细的解释，我刚刚看过，正好卖弄一下，“其实，石斑鱼本身是没有毒的，它们的毒来源于海藻之中。小鱼吃了海藻，毒素就进入小鱼的身体。石斑鱼是肉食性的鱼，它们吃了小鱼，毒素在体内就越积越多，所以吃石斑鱼的时候，您最好吃个头儿小一点儿的，不要吃鱼头和内脏，这样就可以避免中毒啦！”

“真的吗？哈哈，那可太好了！”东坡先生说完，又若有所思地自言自语，“毒素都是从海藻里来的，要是将这鱼饲养起来，不让它们接触海藻，岂不就可以得到没毒的鱼了……”

都能想到人工饲养了，真不愧是天才！但在海中人工饲养可不是件容易的事，只怕东坡先生只能幻想一下而已。

“《海错图》上有没有石斑鱼呀？”我悄悄地问白泽。

白泽想了想，说：“没有。不过也不一定。”

“这是什么意思？”

“《海错图》上虽然没有‘石斑鱼’这三个字，却记载了一种海鲟鱼，这种鱼有剧毒，画得和石斑鱼也有几分相似，

大概就是指石斑鱼吧！”

我觉得白泽的推测很有道理，可惜画册毕竟不是照片，我们无法完全确定，只能继续寻找聂璜先生，向他求明真相了。

石斑鱼除了美味，还是一种雌雄同体的怪鱼。鱼群中几乎所有的雄鱼，都是繁殖之后的雌鱼变成的，只有少量是由幼鱼直接发育成的。所以，有的石斑鱼既做过“鱼爸爸”，又做过“鱼妈妈”，这在动物界非常罕见。

鹅毛鱼

“前方500米处有鱼吵架！”白泽眼前一亮，飞快地朝着声音传来的方向跑过去。

我忽然明白白泽为什么会通晓世间万物了，肯定是因为太八卦了！

“快去看看发生了什么事！”东坡先生似乎对吵架也很感兴趣，拉着我和小弘历兴致勃勃地跟了上去。

吵架的居然是两条鱼，两条长着“翅膀”的鱼。它们一见我们过来，立刻嚷嚷着要评理。

第一条鱼我认识，它叫飞鱼，胸鳍很长，像鸟的翅膀一样。《动物世界》中说，这种鱼能跃出水面，乘风滑翔，可以凌空四十几秒，飞行几百米。第二种鱼我却不认识，它的身体仿佛红鲤鱼，可鱼鳍要大得多，比飞鱼的鳍还像翅膀。

“你们为什么吵架呀？”小弘历问。

飞鱼气冲冲地回答：“我正在海上飞着，忽然撞到这个家伙。这家伙撞了我不但不肯道歉，还说什么只有它才配在空中飞，这是什么道理！”

“我是为了你好！”长翅膀的红鲤鱼反驳，“你飞行本领太差，不好好在水中待着，出来招摇，早晚会吃亏的。”

“飞翔本领差？告诉你吧，我的名字就叫飞鱼！”

“哼！”长翅膀的红鲤鱼不屑地说，“你算什么飞鱼，我才是真正的飞鱼。”

“你是飞鱼？这我可不认同。”不等飞鱼开口，我先表态了，“电视里的飞鱼和它一样，和你不一样。”

长翅膀的红鲤鱼一听，肚子都气鼓了，身上也变得更红，大声说：“你们真没见识，没有一个认得我的！”

“那倒未必。”白泽慢悠悠地说，“其实，也不用争，你们两个都是飞鱼。”

“都是飞鱼？”飞鱼、小弘历和我都感到不解。

“一个是人们常说的飞鱼，一个是《山海经》中记载的飞鱼。”白泽看了一眼红鲤鱼，笑着问，“是吧，文鳐鱼？”

“你，你居然认识我？”文鳐鱼感到不可思议，盯着白泽看了半天，随即大笑起来，“噢，原来是白泽大人——我就说不像普通的狗狗嘛！”

听到文鳐鱼称它为“大人”，白泽脸上露出骄傲的笑容，可接着又听到“狗狗”两个字，笑容立刻凝固——只有我熟悉它的这个忌讳，忍不住哈哈大笑起来。

白泽为了化解尴尬，赶紧转移话题，“那个，你们刚才吵什么来着？”

“它不让我在空中飞，还说让我潜入水中是为了我好！”飞鱼气愤地说，“虚伪，分明是知道我也叫飞鱼，骗我不再飞行，好独占这个名字。”

“才不是！”文鳐鱼说，“你们滑翔得那么慢，渔民都称你们为鹅毛鱼。”

“鹅毛鱼？”

“对呀，就像鹅毛一样，慢悠悠地飘在空中。他们还专门想出一种捕捉你们的办法。”

“什么办法？”

“到了夜里，在船上挂一盏小灯，你们看到光亮，就会自己飞到船上去，渔民不用网，就能把你们全都抓住！”

“我们的确喜欢飞向有光亮的地方。”飞鱼将信将疑地说，“渔民这么狡猾？那你呢，你为什么不怕？”

“它当然不怕了。”白泽回答说，“它们不像你们只会滑翔，而是真能飞上高空。据说，文鳐鱼可以持续飞行几千里，跨越整个大陆呢。”

“原来是这样。”飞鱼不好意思地说，“看来是我误会你啦！”

“没关系！”文鳐鱼说，“飞鱼帮飞鱼嘛，谁让咱俩同名呢！”

两条鱼说完，一起欢快地游走了。

《山海经》中记载，文鳐鱼长得像鲤鱼，身上有鸟的翅膀，常常从东海出发，跨越大陆飞向西海。一路上，它们白天找到水泽栖息，晚上赶路飞行。由泰器山发源的观水，就是文鳐鱼的栖息地之一。

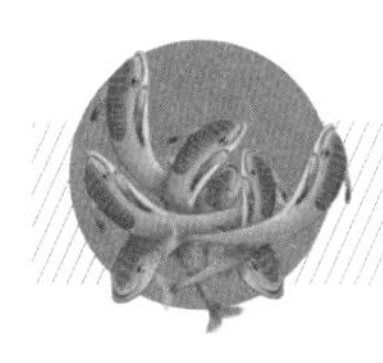

印 鱼

“不行了，我要累死了。”走着走着，我觉得越来越累，像是拖了很重的东西似的。

小弘历过来拉我，结果吓了一跳，大叫：“皮蛋哥哥，你背后拖着的是什么呀？”

“没拖着什么啊。”我纳闷儿地转身一看，嘿，好家伙！京剧里的武生背后不是插着很多旗子嘛，我就像武生一样，背后也插了很多“旗子”。

仔细一看，这些“旗子”原来是一条一条的鱼！这些鱼从十几厘米到60厘米都有，虽然个头儿不大，但是数量多啊，有十几条呢，加起来就是个不小的负担了。

它们怎么附着在我身上的呢？我仔细一看，原来这些鱼的头顶有个长长的“吸盘”，它们就是用这个吸盘把自己固定在我衣服上的。

“你们这是在干吗？”我“恶狠狠”地问它们。

谁知它们根本不怕我，仍然自顾自地吸附在我身上。最大的一条鱼还笑嘻嘻地说：“老大，您好啊！我们是帮您清洁身体表面寄生虫的印鱼啊。”

“寄生虫？我身上哪里来的寄生虫？”

“没有寄生虫，我们只吃些死皮碎屑也行，您别赶我们走，我们还有很多好处呢！”

“什么好处呀？”

“譬如，我们可以随时称赞您，吹捧您，说您的好话呀！而且，我们不要报酬，只求有个栖身之处，您去哪儿我们就去哪儿。”

“哈哈，皮蛋哥哥，看来你收了一大帮跟屁虫呀！”小弘历幸灾乐祸地说。

“我才不需要这些！你们再不走，我可要把你们都抓来，熬汤喝了！”

“我们的汤不好喝，不好喝！”印鱼听我一说，纷纷散落下来，转向白泽，“这位大人看起来精明伶俐，和善可亲，需不需要我们呢？”

白泽觉得受到了侮辱，奶声奶气地大喊："我也不需要！你们印鱼都是懒惰的家伙，整天就会吸附在别人身上当寄生虫，不，寄生鱼。"

印鱼又要转移目标，东坡先生和小弘历赶忙摆手："我们只爱吃鱼，可不愿带着一身鱼到处跑。"

印鱼没办法，只好气呼呼地离开，一边走，一边说："这些家伙真不知好歹！"

"还有专门要做人家小跟班的鱼，不知道它们是怎么想的。"我纳闷儿地说。

"这种鱼啊，据说是皇帝亲封的呢。"东坡先生笑着说，"唐太宗李世民东征，不小心把玉印掉落在海中，正一筹莫展时，一条大鱼将玉印顶出海面，完璧归赵。唐太宗询问左右，没人识得这种鱼的名字，于是他就用玉印在鱼头顶上印了一个红色痕迹，并赐名为印鱼。"

"原来是得到皇帝敕封的，可它们为什么要到处当别人的附庸呢？"我问。

"因为它们觉得当别人的附庸能吃得更好，游得更快呀！"东坡先生说，"像我这样，不懂当附庸的，就只能颠沛流离、居无定所啦！"

小弘历问："那您怎么不去找个'老大'呢？这在仕途上不是很常见的事吗？"

"我？哈哈！"东坡先生大笑，"不行，不行。胁肩谄笑，病于夏畦。我可没有那个本事。"

"也是。"小弘历说，"要是那样，您就不是东坡先生了！"

"不做印鱼容易，不让印鱼围在自己身边才难呢。"东坡先生叹息道，"等你们长大，就会明白啦！"

印鱼其实是一种非常聪明的鱼，当它们生活的海域食物减少时，就会"搭便车"远行到食物更丰富的海区去。它们宿主的范围很大，鲸鱼、鲨鱼、海龟，甚至小船都可以是宿主。

shí
鲥鱼

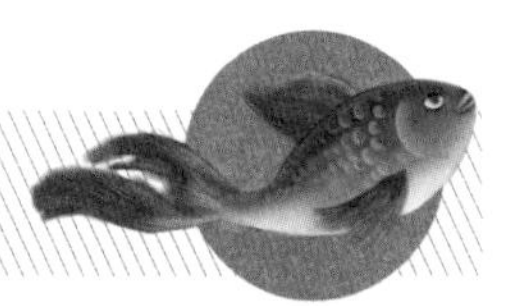

东坡先生不愧是名垂千古的大文豪、大美食家，说到什么食物都能侃侃而谈，而且描述得非常有趣。

他说："很多人都认为活鱼杀死后立刻烹饪，味道会更鲜美，其实不然。刚死的鱼肉质发硬，若是等上一会儿再烹，鱼肉会更加鲜美柔软。"

"但这是什么原因呢？" 小弘历纳闷儿地问。

东坡先生摇摇头："说来惭愧，我也是知其然，而不知其所以然。"

“咳——”我清清嗓子，觉得自己出场的时候到了。

小弘历眼前一亮，说：“皮蛋哥哥最懂这些稀奇古怪的知识了，你肯定知道，对不对？”

“什么稀奇古怪呀，这叫科学。”我得意地说，“我的确看过这个问题的科学解释。”

“哟，这位小皮蛋还真是不可貌相呀。”东坡先生一听，我能解释他的疑惑，也凑过来。

不过这“不可貌相”是怎么一说？难道先生一直把我当个什么都不懂的小屁孩？那我可得好好表现一下。

“其实这个原理很简单。鱼肉中含有大量蛋白质，所以质地较硬。等鱼死了以后，那些蛋白质在蛋白酶的作用下，逐渐分解成容易被人体吸收的氨基酸。这些氨基酸不但让鱼肉更加鲜美，营养也更好。”

说完，我得意扬扬地等着赞美，可是转头一看，他们三个大眼瞪小眼，显然全都没听懂。也是，让几百年、上千年以前的人听懂蛋白质、蛋白酶、氨基酸可不是一两句话能办到的。

该怎么办呢？我也不知道怎么进一步解释了。这时，东坡先生忽然拍着大腿说：“我明白了，鱼刚死时，血气未散，所以肉质坚硬；等到血气散尽，肉也就变软了。”

“原来如此啊！还是东坡先生解释得明白。”小弘历竖起大拇指，白泽似乎也很满意这个答案。

什么呀！看来回去以后，我得好好给它升级一下知识库了，否则这“无所不知”四个字，可要徒有虚名了。

“你们最爱吃的是什么鱼呀？”东坡先生问。

我想了想，自己吃过最好吃的也就是饭店里的烤鱼了，但那只是普通的草鱼和鲤鱼，算了还是不说了，免得被吃货们笑话。

小弘历倒是自信地说：“鲥鱼，五六月时的鲥鱼。六月鲥鱼带雪寒，香生青箬带冰盐。”

“有品位，诗也吟得好！”

得到东坡先生的称赞，小弘历高兴得要跳起来。

白泽见我不说话，悄悄传声过来：“鲥鱼平时生活在海洋中，四月下旬会溯游到淡水河中产卵，这也是它们味道最鲜美的时候，因此也叫‘时鱼’，大多数人都不知道。”接着，又笑嘻嘻地补充，“小弘历的那两句诗也都是摘自明人的诗作，你不用自惭形秽啦！”

自惭形秽？我才不会呢。

“唉！”我叹了口气，“鲥鱼虽然美味，但把它们千里迢迢地送到京城，还要在夏天找来冰块保鲜，需要多少人力物力呀！而且，鲥鱼到河中都是产卵的，那个

时节捕捞它们，真是不应该呢！”

这下可轮到吃货们不好意思了。小弘历红着脸喃喃地说：“皮蛋哥哥说得有道理，为了一品美味，浪费这么多人力物力，的确有点儿过分——可，可那鱼的确好吃嘛！”

东坡先生也说：“看来，这道美味得从食谱上删去喽！”

都很不甘心嘛，好吧，作为回报，我决定请他们吃最地道的烤鱼。

很多鱼类都有洄游现象，这和鱼类本身的遗传基因，以及水的温度、盐分变化有关。鲥鱼的洄游属于生殖洄游，到了繁殖期，它们溯流而上，是为了找到最合适的产卵地，让下一代能在更好的环境中出生。

比目鱼

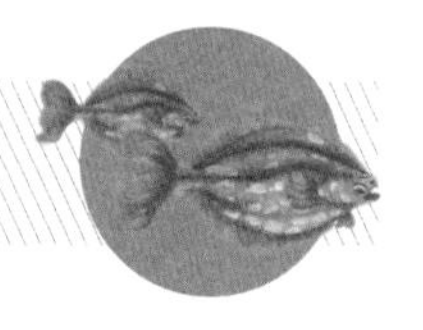

一顿烤鱼，吃得东坡先生泪流满面，他一边握着胡子大快朵颐，一边问：“这是怎么做的？世间居然有这种美味！简直是白活了半生啊！”

也难怪，在他的那个年代辣椒还没有传到中国，一个生在四川的吃货，从来没有吃过辣椒，这是多么可悲啊！我真想变出一些种子交给他，但白泽说在梦境里，这是没有用的。

我们一边走，一边聊。白泽通晓万物，东坡先生学识渊博，小弘历也很话痨，

只有谈到和科学相关的问题时，我才能短暂插嘴。

这不，我很快就找到了发言的机会。小弘历说：“世界上所有的动物都是对称的，实在是太神奇了！”

我当即反驳道：“说错啦！”

“难道不是吗？”小家伙不服气，“那你说，哪种动物不对称？”

根本不用我回答，他的话刚说完，就有一群“答案”游了过来——当然不是文字，而是活生生的比目鱼。

“怎么样？”我指着比目鱼说，“它们就不对称呀，两只眼睛在同一侧，嘴巴也是歪着的。”

“哇！真的耶！”小弘历愣了一下，大叫起来，“世上还有这么古怪的动物！东坡先生，您知道它们为什么会这样吗？”

“《尔雅》中说，比目鱼生活在东海中，它们两两成对，一雌一雄一起生活，所以才长成这个样子的。不过这都是古人的记载，我也没有考证过。”

“皮蛋哥哥，是不是这样啊！”小弘历问。

“比目鱼的确是雌雄一起生活的。但它们长成这样，还有别的原因。”

“什么原因啊？”

“其实，它们小的时候，长相和别的鱼一样，也是对称的。长大以后，眼睛和嘴巴才逐渐长偏，这样方便它们躺在海底，将身体埋进沙子里面。你们看，它们身体两侧颜色深浅不同，眼睛那一面颜色更深，和周围环境非常类似，不仔细看根本发现不了。这种伪装不仅能让它们躲避天敌，还能轻松地捕食呢。”

“原来如此！”小弘历听得津津有味。

“而且比目鱼并不只是一种鱼，它是鲽形目鱼类的总称，世界上已经发现的比目鱼，一共有570种哦！”

“原来我有这么多亲戚啊？”一个陌生的声音忽然从脚下响起。

我们低头一看，原来是一条把自己藏在沙子里的比目鱼。比目鱼抱怨道：“我一直朝这个方向躺着，想翻一下身吧，眼睛又没法转过去，别提有多郁闷了。但是真奇怪啊，为什么我们的眼睛都是朝右边的呢？世界上所有的比目鱼都这样吗？”

我回答道：“哈哈，这个问题我知道。鲽科比目鱼都是右眼，而菱鲆科和鲆科都是左眼，我猜啊，你应该属于鲽科比目鱼。”

“皮蛋哥哥说你们会变色，我倒是要看看是不是真的。”小弘历顽皮地把比目鱼拿起来放到旁边不同颜色的沙子上。

“唉，唉，唉！你这人怎么回事，这事搞不好会害死鱼的。”比目鱼一边抱怨，一边迅速变成了跟新环境一样的颜色。

“厉害！”我们齐刷刷地鼓掌，给它点赞。

“嘿嘿，一般一般。”比目鱼有些不好意思地歪嘴一笑，“我要睡觉了，再会。”居然被鱼下了逐客令，算了，我们还是继续前行，寻找聂璜先生吧！

人们很早就发现了长相稀奇的比目鱼。《尔雅》中记载：“东方有比目鱼焉，不比不行，其名谓之鲽。”那时，人们认为比目鱼的雌性、雄性个体，眼睛分别长在左右两侧，就像比翼鸟一样，一雌一雄配成一对才能行动。其实，这是一种误解。

井鱼

我一直对北宋时期的生活感到好奇，这次遇到东坡先生，可不能错过请教的机会。东坡先生可真是生活专家，讲起那时的衣食住行、文化娱乐，头头是道。他说，京城的集市可热闹了，吃的、喝的、玩的、穿的应有尽有，只有我们想不到的，没有那里找不到的。

这我可不服气了，便问："那儿的集市上有冷饮吗？"

"冷饮，不就是凉水嘛，当然有！"东坡先生笑着说，"我还亲手调制过呢！"

"啊，您还会做冷饮？"这实在令人难以置信。

"只要在冬天将冰凿下来，储存好，也没什么难的。"东坡先生说，"整个汴梁最好的凉水还要数朱雀门外的'曹家从食'，甜甜的雪梨汁、清凉的甘草汤，哎呀，真好喝！不过，店中最有名的是'雪泡梅花酒'和'乳糖真雪'……可惜不知什么时候，能再回京啦！"

原来那时就有冰糖雪梨和冰激凌了！看来我真是小看古人的智慧了。于是，我接着又问："那外卖呢，那里不会也有吧？"东坡先生表示不知道外卖是什么，白泽解释道："外卖就是送饭小哥儿，到了饭点儿为点餐客人送饭的。"

"当然有了！大酒楼都有专门送饭的伙计，到了饭点儿，他们就挑着担子，推着推车，走街串巷将客人订好的饭菜送过去。此外，街上还有很多专门送饭的闲人，你想吃什么又不打算出门，只需要把买饭的钱给他们，再加一点儿跑腿费，这些闲人小哥儿很快就会将热腾腾、香喷喷的美食买回来。"

天啊，真是刷新了认知，原来古人一点儿也不落后，他们的生活远比我想象中的丰富多彩。东坡先生又讲了很多其他我不了解的东西，让我大开眼界，作为回报，我为他变出了一杯补充能量的功能饮料。东坡先生喝了一口，大叫痛快，问：“这种饮品，非酒非茶，难道是传说中的井鱼泉水？”

“井鱼泉水是什么呀？”我表示没听说过。

东坡先生说：“相传海中有一种井鱼，其大如山，头顶有洞，可以喷出很高的水柱。水柱如平地飞泉，泉水甘甜可口，和又咸又涩的海水完全不同。有些渔民遇到井鱼喷水，便将落下来的泉水接来饮用，据说能让人身强体健，不渴不饿呢！”

头上有洞，可以喷出水柱，这不就是鲸鱼吗？我摇着头说：“先生啊，我觉得这种井鱼，就是鲸鱼。其实它们不是鱼，而是生活在海里的哺乳动物；喷出的也不是水柱，而是呼吸过的气体。”

“真的吗？我也听说过海里有种会喷水的鱼。”小弘历说。

“那是因为鲸鱼的肺很大，而且具有弹性，可以储存大量空气。当它们到水面换气的时候，会将废气排出。由于它们的鼻口开口在头顶两眼之间，强大的气流冲出来时，把海水也带入空中，远远望去，就像海面上的喷泉一样。其实，那些所谓的泉水成分和海水并没有太大区别。”

“原来是这样啊！”东坡先生一边品尝着功能饮料，一边说，“我还梦想着‘骑鲸饮飞泉，出海觅诗仙’呢，看来不能去啦！”

“没关系，”小弘历说，“由我们几个陪着您，‘小舟从此逝，江海寄余生’，不也很好嘛！”

“好，好，好！当然好了！”东坡先生拍拍他的头，爽朗地大笑了起来。

晋人编纂的《古今注》记载，鲸鱼是一种海鱼，大者长数千里，小者也有数千丈。它们一次产子达万只，带着幼鲸游动时，发出雷鸣般的声响，鼻口喷溅出的水珠如同狂风暴雨，海里的生物都会远远避开，船只也不敢出行。

带鱼

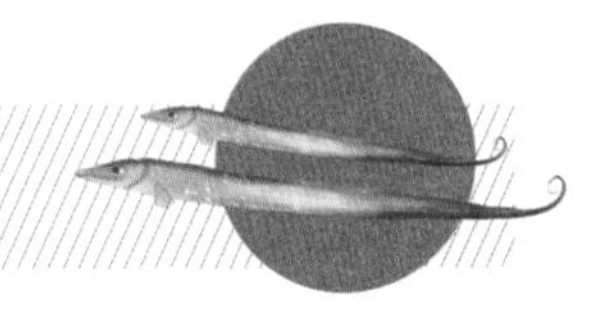

东坡先生说，他那个时代的人非常喜欢“鱼文化”，不仅喜欢吃鱼，还喜欢将“鱼”和“渔”写进诗词中，比如他就做了一首《调笑令·渔父》：“渔父，渔父，江上微风细雨。青蓑黄箬裳衣，红酒白鱼暮归。归暮，归暮，长笛一声何处。”

我问为什么都喜欢鱼，东坡先生哈哈大笑道：“当然是因为鱼美味又风雅。虽然鸡肉也好吃，但和钓鱼一比，捉鸡的场景可就没那么好看了。”

我脑补了东坡先生挽起袖子去抓鸡的画面，不禁捧腹大笑。

小弘历和白泽问我在笑什么，我赶紧摇头说没什么。他们不信，吵着非要我说出来。还好，前面忽然出现个店铺，转移了大家的注意力。

店铺的门口似乎挂着许多刀剑，在阳光下闪闪发光，我不由惊叹：“聂璜先生可真是文武双全，梦境里居然还有开兵器铺的！”

“什么兵器铺呀，那是带鱼！”白泽鄙视地看了我一眼。

我走近一看，果然是带鱼，一条条带鱼挨个儿悬挂起来，银光闪亮，倒像是随风飘荡的锦缎。

东坡先生看到这些带鱼，不知为何，扑哧一下笑了出来，弄得我们丈二和尚摸不着头脑。“先生，您笑什么呀？”小弘历好奇地问。

“没什么，没什么，想起个笑话来！”

“什么笑话，快给我们讲讲吧！”我们异口同声地央求。

“从前，海边有个渔夫，虽以打鱼为生，却成天幻想着做官发财。一天，他出海回来，便大声呼喝，惹得邻居都来围观，询问发生了什么事。

“渔夫撩撩衣襟，露出腰间扎着的一条锦带，大声说：‘告诉你们吧，我出海

皮

寻到一个大岛，岛上国王非常欣赏我，封我为太尉，这锦带就是信物。收拾停当，我就要离开这破渔村上任去啦！’

“邻居们一听，既惊讶又羡慕，纷纷向他恭喜祝贺。渔夫得意地挽留众人，让妻子卖掉家中财物，换回酒食，大肆宴饮，众人欢饮达旦，喝得酩酊大醉。

“次日早上，大家醒来，揉着眼睛问渔夫：‘太尉大人，不知何时出海上任呀？’

“渔夫说：‘即刻就走。’

“众人忙问：‘为何如此匆忙？’

“渔夫的妻子从旁边哭道：‘再不上任，腰间的带鱼就要烂掉啦！’”

“哈哈哈，真的好笑！”小弘历捧着肚子说，“居然有人想做官，想到精神错乱，做出这么滑稽的事情！”

“唉！”东坡先生叹道，“你们还小，见得还少。这世上有些人为了做官，做的事情可比这笑话里的渔夫还要荒唐百倍。”

白泽郑重地点点头，看来它也听说过很多类似的事情。它说：“其实，带鱼本身就很贪婪呢！你们知道渔民是怎么钓带鱼的吗？”

我摇摇头。

“钓带鱼是用一条长长的绳子，挂上鱼钩和鱼儿，系在崖石之上。有带鱼上钩以后，不要急着去取，慢慢等待。”

“等待什么呀？”小弘历问。

“等着其他的带鱼来咬前面带鱼的尾巴——它们看到同类被困

住，都想趁火打劫，结果一个接着一个，谁也不肯松口。渔夫一下子就能拉上去一大串带鱼。”

“这就是人们说的，贪婪毁灭一切吧。”我总结道，“看来带鱼不但好吃，还能作为人们的前车之鉴呢！”

神奇秘语

我们平时见到的带鱼都比较小，但深海里生活着一种皇带鱼，它们的体形有几米长。海边的渔民都叫它们“龙王鱼”，还说龙王鱼一现身，海中就会地动山摇。其实，这是有科学依据的，因为皇带鱼生活在深海，只有地震发生时，它们才会游到水面上来。

跳鱼

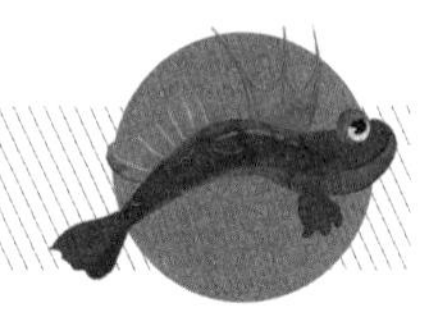

这梦境中的景色真是瑰奇，我们不仅看到了各种怪鱼、色彩鲜艳的贝壳、五光十色的珊瑚，还有高大的树木、飘荡的云霞，甚至浮在半空中的大船。海洋和陆地、天空与山川的界限全都被打破了。

小弘历和东坡先生这一小一老，简直是对活宝，每每看到奇妙的景象便惊叫着，咋咋呼呼地跑过去看。这不，又发现一片长在浮岛上的大森林，小弘历吵着要去探索一番。

我忍不住抱怨："别忘了，我们的任务可是来找聂璜先生，他和各种鱼类打交道，去探索树林，不是缘木求鱼嘛！"

“树可以长在天上，鱼就不能爬到树上嘛，这可是梦境耶！”小弘历嬉皮笑脸地说，“皮蛋哥哥，咱们的想象力能不能丰富一些呢？”

我还未反驳，东坡先生插话道：“听你们这么一说，我倒忽然想起一种会爬树的鱼，味道可鲜美了！”

真是三句话不离本行，难怪被称为吃货界的祖师爷。不过，真的有会爬树的鱼吗？

东坡先生见我不信，绘声绘色地讲了起来：“有一次，我被贬到浙江，到台州海边巡视。那里的渔民听说我好吃，便邀我一起去捉跳鱼。跳鱼，又叫弹涂鱼，它们胸腹之间的鳍特别有力，出了水面以后，能像腿一样支撑着身体爬行、跳跃，有些跳鱼为了躲避海鸟，就爬到树上，藏在枝叶之间。”

“那人们都是去树上找跳鱼的吗？”小弘历问。

“那倒不是。爬上树的跳鱼只是极少数，大多数还是伏在泥里。渔民有种特别的方法抓捕它们。在涨潮前，截一些竹管，插在滩涂上；等到潮水退去的时候，就用长竿拍击海水，跳鱼受到惊吓，以为竹管是自己的洞穴，全都钻进去；渔民等潮水退走，挖出竹管就行啦！”

“好巧妙的方式呀！”我忍不住赞叹劳动人民的智慧。

“哼！”白泽不屑地说，“要是人人都这样做，海中的跳鱼岂不都要被捉光了！这和竭泽而渔又有什么区别呢？”

“是啊！”东坡先生叹道，“跳鱼的味道虽美，不过确实越来越少啦！再过几年……只怕就再也吃不到了……”

“你们这些人类啊，就知道吃吃吃，哪天吃得中毒了都不知道。”

“跳鱼还有毒？”东坡先生惊问，“我怎么没听说过？”

白泽笑嘻嘻地说：“跳鱼，也就是弹涂鱼是没有毒的，不过有一种长得特别类似的小鱼，名叫云斑裸颊虾虎鱼，它们可是有河豚毒素的哟！”

我以为东坡先生会后怕，谁知他哈哈大笑道：“看来我运气不错啊，吃了那么多，居然还没有中毒。”

好吧，吃货在吃上的乐观豁达果然无人能敌。

“那怎么分辨这两种鱼呢？”小弘历虚心请教。

“这个很简单啊，”白泽小爪子一抓，不知从哪儿抓来两条满身泥泞的小鱼，放在爪子里给我们看，“这是跳鱼，这是云斑裸颊虾虎鱼。”

我们凑过去仔细观察，嘿，两个小家伙涂上泥巴后还真是难以分辨。好在我是玩“找不同”的高手，很快就发现了区别：“跳鱼的眼睛是突出来的，像蛤蟆！”

“你才像蛤蟆呢！”跳鱼气坏了，使劲一跳，甩了我满脸泥巴，然后做了个鬼脸，逃走了。

这就是传说中的“神龙摆尾”呀，大意了，大意了！

看着我的窘态，白泽和小弘历都幸灾乐祸地笑了起来：“出风头，有风险哟！”

跳鱼味道非常鲜美，沿海某些地区有用跳鱼给孩子开荤的习俗。据说，在孩子刚满月的时候，让他们舔一舔跳鱼的肉，孩子长大以后，就会身体健壮，爱跑爱跳，性格也更加开朗、活泼。

蛟

“好大的带鱼！”我们刚要进入那片浮岛森林，小弘历忽然指着森林上面叫道。

“大带鱼”似乎听到了他的话，一扭头游到我们跟前，小弘历哇的一声叫了起来，“蛇，蛇，不要过来，我最怕蛇了！”

“带鱼？蛇？你这个笨小子！”“大带鱼”气愤地说，“我怎么会是那些低级生物！”——它的嗓门可真大，声音就像雷霆一样震耳。

我急忙小声对白泽说：“这位是个暴脾气，你快让它消消气吧！”

白泽翻了个白眼：“这可不好办！人家是蛟，你们一会儿说人家是带鱼，一会儿说人家是蛇，它能不生气吗？”

“原来这就是蛟！”一言不发的东坡先生，挺身站到了小弘历前面，“别怕，蛟我见识过，从来都是它们躲着我的！”

“什么？！”这下我、白泽、小弘历都惊了，老先生还有这本事，难道他也像李白那样，不但文章写得好，还是剑仙？

当然，最惊讶的还是蛟，它盯着东坡先生打量半天，大嗓门都放小了，谨慎地问：“您在哪里见过我的同类？它们都躲着您？”

东坡先生捋捋胡子，得意地说：“当初我到忠州，那儿有个幽深的水潭，人们都说里面藏着凶猛的蛟，还说曾有老虎跑到水潭边喝水，结果刚碰到水面，从潭里忽然跃出一条蛟，一口就把老虎吞掉了。自此人们再也不敢到水潭边去了。

“他们都怕蛟，但我不怕。一次我喝醉来到了潭边，径自躺在那儿休息，还在潭水里洗了脚；不仅洗了脚，还做了一首诗：‘潜鳞有饥蛟，掉尾取渴虎。我来方醉后，濯足聊戏侮。’怎么样？蛟连头都没敢露！”

"您怎么这么大的胆子呀？"小弘历崇拜地问。

东坡先生笑着说："你们没听过大禹遇龙的故事吗？当初大禹到南方巡视，乘船渡江，到了江中忽然有黄龙将船托起，同行的人吓得面无人色，大禹却坦然笑道：'我受命于天，竭力造福百姓，活下来，继续奔波；死掉了，命归黄泉。有什么值得怕的呢？'黄龙听了他的话，立刻就游走了。

"我虽然不如大禹，但每到一处，也都尽心造福百姓。上天已经让我连年遭受贬谪了，难道还会让蛟把我吃掉吗？"

蛟一听，连忙摇头："我们蛟可不是不辨是非的野兽，造福百姓的大好人，我们是绝对不会伤害的！"

"这就叫，不做亏心事，不怕鬼敲门！"白泽点评道，"其实，只要是有灵性的动物，都懂得亲近没有恶意、心地善良的好人。"

听到蛟不会随意伤人，我和小弘历也走过去，小心地打量它。我忽然有个疑问："为什么您和我在故宫里看到的龙不一样呢？好像头上没有角……"

"我，我的角还没长出来呢，长出来以后，就和那些真龙一模一样了。"蛟说完，扭身游走了，一会儿声音又从远处传来，"我迟早会变成真龙的！"

"蛟是龙属，但还不是真正的龙，它们没有角，爪子也只有两只，而真龙是四爪的。"白泽小声补充，"只有继续修炼，它们才能变成真龙。《述异记》中说：虺（huǐ）五百年化为蛟，蛟千年化为龙，龙五百年为角龙，又五百年为应龙。"

"原来龙也分这么多种类！难怪大家都说真龙天子，没有说蛟龙天子的。"小弘历也解了一个疑惑。

相传大禹治水时，江河中有很多蛟，它们兴风作浪，毁坏堤坝，祸害人间。大禹为了治理水患，带领壮士们到处与其搏斗，肯降服的蛟，他就命令它们镇守一方，造福百姓；怙恶不悛、不肯降服的，大禹就将其斩杀。长江三峡中的"斩龙台"据说就是一处大禹斩杀蛟的地方。

神龙

我们来到一个海边的渔村，发现一件奇怪的事情——村民无论男女老幼，身上都有龙图案的文身。

我问白泽："古代也流行文身吗？我怎么记得在脸上刺字是一种刑罚啊？"

"你以为古代人都是土包子啊？"小弘历听到，不满地说，"从先秦时期起，南方吴越民族就有断发文身的习俗。到了唐代，不仅市井之人流行文身，就连一些文人雅士也喜欢。宋代，岳母刺字，名垂千古。《水浒传》里的九纹龙，就是因为身上文着九条龙。"

正说着，一位酷酷的小姐姐发现了我们，警惕地问："你们是什么人？"

"我、我们是……"我想来想去也不知道怎么回答。

见多识广的东坡先生作了个揖，从容不迫地说："老夫是一名画师，他俩是我的学生。听闻贵村的文身图案自古相传，十分古朴雅致，故来拜访。"

"原来我们这么有名啊。"小姐姐开心极了，挽起袖子，大方地向我们展示她手臂上的龙文身。

小弘历问："龙是皇家专用，你们为什么用龙当作文身呢？"

小姐姐给他一个"你是不是傻"的眼神，没好气地说："龙是大海的守护神，而我们是采珠人。我们把龙文在身上，下海采珍珠时，神龙看到了，就会保护我们。"

"下海采珠？你们又没有潜水设备，多危险呀！"

"没办法呀！"小姐姐叹了口气，"我们住在海边，又没有良田可以耕种，只能采珠献给达官贵人，来充当税赋、维持生活。"

"真是苛政猛于虎啊！"东坡先生长叹一声，"官家一斛珠，百姓千行泪。"

一旁的小弘历赶紧默默地将袖子拉了拉，红着脸走开了。我知道他的手臂上就缠着一串大珍珠。

小姐姐和东坡先生聊得很是投机，东坡先生给她普及了很多关于龙的知识：龙最初是由古人虚构出来的图腾。据史书记载，黄帝打败炎帝和蚩尤，统一了各个部落，就在众多部落图腾中各选出一个元素，蛇的身躯、骆驼的头、鹿的角、兔子的眼睛、牛的耳朵，等等，组合成了龙。经过千百年的演变，龙的形象越来越饱满，成为帝王的象征。

“原来这样啊！我们虽然都在身上文龙的图案，却从来没见过真龙。”小姐姐耸耸肩，“但是这有什么关系呢，好看不就行了。”

“说得好！”我觉得小姐姐这样想，简直太酷了。

“不过，有了这个文身，我们在海里的确会有一种安全感。”

“信仰的力量。”白泽说，“其实你们也可以崇拜我嘛，白泽大人也很厉害

的哟！”

“谁很厉害呀，要和我比比吗？”一个洪亮而浑厚的声音在我们头顶上响起。

我们抬头一看，哇，一条俊美的神龙！

白泽连忙嬉笑着说：“开玩笑啦！我怎么敢和神龙大人您比呢！”

小姐姐见到神龙，激动极了，结结巴巴地说：“神龙，您、您原来真的存在啊……”

神龙微笑着说：“只要你们相信我，我就存在于你们的心里，为你们带来力量。”说完，庞大的身影渐渐隐去。

小姐姐感激地对我们说：“谢谢你们，是你们为这里带来了神龙的祝福。”

东坡先生笑道：“不，不是我们，所有好运和祝福，都是你们凭借自己的勇敢和乐观赢来的。”

相传，尧帝的时候，鲧奉命治理水患，九年不成，遭到尧帝斥责，羞愧而死。他的尸体被弃置在羽山，三年不腐，尧帝派火神祝融前去查看。祝融用刀将鲧的尸体剖开，其胸腹中积聚的怨气腾空而起，化成一条黄龙。黄龙消失以后，鲧的妻子就生下了禹。所以，人们都说大禹是黄龙的化身。

人鱼

离开采珠人的渔村，我借机向东坡先生请教宋代文身的事。先生说：“身体发肤，受之父母，一般的士大夫是绝不肯文身的。不过在市井百姓、军士役卒中刺青倒是寻常。”

“那他们都到哪里去刺青呢？”

“瓦舍，京城大小瓦舍中都有刺青的匠人。”东坡先生眼中闪耀着光芒，“说起瓦舍，那可是个好地方呀！”

瓦舍？我从未听过，刺青匠人怎么会在那里，而且东坡先生还说是好玩的地方。

小弘历见我一脸迷糊，狡黠地笑着说：“皮蛋哥哥，瓦舍可不是烧瓦的地方。那是古代市井间的娱乐场所，里面有歌楼舞女，有百戏杂耍班子。”

原来是这样啊！

东坡先生说：“唉！当年春风得意，游戏京华，流连瓦舍之间，是多么畅快啊！那轻柔的歌声、婀娜的舞姿，现在还历历在目……”

“您喜欢歌舞？皮蛋哥哥最在行啦！”小弘历嚷道，“皮蛋哥哥，快给东坡先生跳一曲！”

“小皮蛋还会跳舞？”东坡先生一脸不可置信。

古典的歌舞我一窍不通，但别忘了，街舞我可是行家！作为一个现代人，我可不能认㞞，我要为街舞代言！于是，我当即打了个响指：“白泽！灯光，音乐！”开始我的表演！

白泽还真给力，当即变出了闪烁的五彩灯和劲爆的音乐。我摇着手臂，翻着跟头，随着音乐，做出最新潮的动作，直跳得气喘吁吁，最后还比了一个剪刀手：

皮

“怎么样？是不是很酷！”

“酷、酷，酷极了！”东坡先生拍着手不停称赞。

“先生，您知道酷是什么意思吗？”小弘历很好奇，“我都是上了网才查到的，您怎么会知道呢？”

“酷是来形容舞的，我已经看了舞，这感觉就是酷呗。”

这回答也真是酷——为了让东坡先生将“酷”理解得更加透彻，我决定再舞一曲，同时也邀请东坡先生、小弘历一起上场。

我们在场中舞得尽兴，下面掌声鼓得也响亮。

突然大家意识到了不对劲儿：白泽两只小爪子都抱着可乐，他哪来的手鼓掌？

我们齐刷刷看向掌声传来的方向——一个皮肤黝黑的小男孩躲在一株巨大的水草后面，只露出小脑袋，偷偷看我们跳舞。

“小朋友，你也喜欢跳舞吗？一起来呀！”小弘历热情地招呼。

小男孩羞涩地退了退，整个人都躲进水草里，只露出圆溜溜的黑眼睛。

“小家伙，别害羞啊！”我跳下舞台，跑过去把小男孩从水草中拽出来。咦，他的小手为什么有蹼？咦，他身上裹了条宽大的水草？咦，他背上为什么有红色的背鳍？就像一条小尾巴！

“是人鱼呀！”白泽看到我和小男孩四目相对，跑过来解释，“它们的胆子都很小，你这样热情会把它吓坏的。”

“对不起啊，我不是故意的。”我连忙道歉。

小人鱼摇摇头，表示自己没事。我们拉着它一起跳舞，小家伙一开始还很害羞，但后来就越来越投入，跳得欢快极了。直到它的爸爸妈妈来找，它才一边抹着泪花儿，一边依依不舍地跟我们道别。

送走了小人鱼，我问白泽：“不是说人鱼的眼泪会变成珍珠吗，怎么没变啊？”

白泽反问道：“传说人鱼还长着鱼尾巴呢，你看它们有吗？”

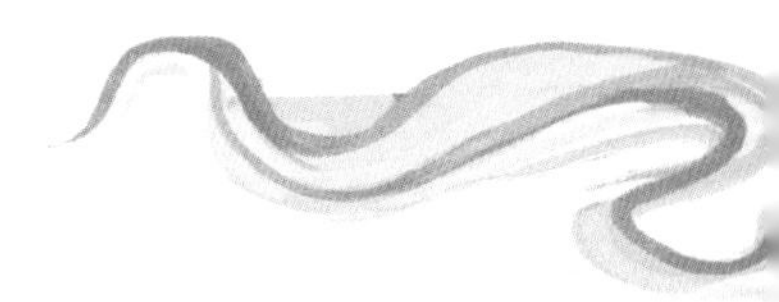

东坡先生感叹道：“所谓千人千面，或许，每个人心里的人鱼都不一样吧。”

言之有理，这是聂璜先生梦中的人鱼，只是不知道东坡先生梦中的人鱼又是什么样呢！

神奇秘语

《太平广记》记载，人鱼生活在东海之中，身长五六尺，状貌和人类似，眉毛、眼睛、口鼻、手臂都是漂亮女子的样子，身上也没有鱼类的鳞片，而是长着人一样的汗毛。她们的头发特别漂亮，乌黑、柔软，几乎和身体一样长。沿海地区，常常有人鱼和人相爱，结为连理的故事。

鳄 鱼

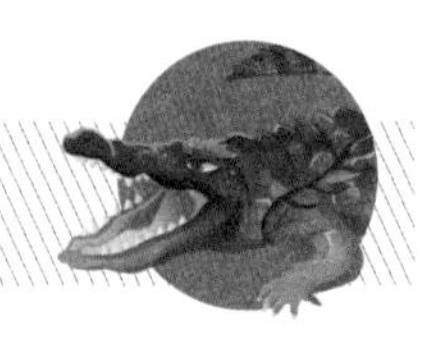

真是万万想不到，聂璜先生的梦境里还有强盗，而我们竟然会被一只不知名字的爬行动物拦路打劫。

当时我们正好好地走着路，唱着歌，突然一只长相奇特的红色大块头蹿了出来，大喊："此山是我开，此树是我开……好像不对劲？管它呢，反正你们必须买卤菜！"

虽然它的块头挺大，但这呆萌的台词着实让我们害怕不起来。我们兴致勃勃地围住它，七嘴八舌地问："买什么卤菜？你都有哪些卤菜？你的卤菜好吃吗？我们可以叫你卤菜大王吗？"

新出炉的"卤菜大王"气坏了，皱起大红色的火焰纹眉毛，恶狠狠地吼道："你们知道我是谁吗？居然敢这样对待凶神恶煞的鳄鱼大王，看我不吃了你们！"

“鳄鱼大王？你可别骗人了！”小弘历走上去，拍了拍大块头，说，“好像谁没见过鳄鱼似的，根本不是长你这样子。你说话腔调和口音这么奇怪，还有点儿戏剧腔？莫不是哪家戏班子做的道具？”

“道具？”我忍不住也走过去扯了扯，“想做成这么精致、逼真的道具，而且还会说话，恐怕也只能在梦境中做得到了。”

“卤菜大王”真的气坏了，愤怒地瞪大眼睛，结结巴巴地说：“你、你们胡说！我才不是道具，我是如假包换的鳄鱼大王！”

“看来这聂璜先生虽然拥有奇思妙想，却不是个认真做学问的人。”东坡先生说，“他应该没有亲眼见过鳄鱼，是听别人形容，再结合自己的想象画的。”

“是啊，是啊！”白泽也说，“这大块头形状倒是和鳄鱼挺像，但眼睛、嘴巴、眉毛却又不同……”

“哇！”“卤菜大王”一听，居然号啕大哭起来，“如果不是鳄鱼，那我又是什么呢？”

“都说鳄鱼的眼泪，不过我看它哭得倒挺真实的啊。”我说。

“什么是鳄鱼的眼泪呀？”小弘历问。

“这是西方的一句谚语，传说鳄鱼会一边吃掉猎物，一边掉眼泪，所以这句话是用来讽刺那些一边伤害别人，一边假装同情别人的虚伪之徒的。”

“鳄鱼真的会流眼泪吗？”

我摇摇头，说：“其实那不是伤心的眼泪，而是鳄鱼在陆地上时，需要用眼泪来润滑眼睛，同时也能排出身体中多余的盐分。”

“你们这些冷血的家伙！居然只关心这个，呜呜呜……”“卤菜大王”还挺委屈。

我挠挠脑袋，不知道应该怎么安慰它。

白泽走上前，笑眯眯地说：“做鳄鱼有什么好的啊！你比真实的鳄鱼可爱多了。就像我，现实里也没有一模一样的动物，不过谁不尊敬白泽大人呢！”

鳄鱼大王想了想，抹抹鼻涕，说：“你说得对，我也觉得自己很可爱。不过，既然聂先生弄错了，我也要去找他，好好解释一下，让他给我改个名字。”

“改名字？”

“对呀，我不是鳄鱼，你们告诉他鳄鱼真正的样子，我再让他给我起个好听的名字。”

“卤菜大王就挺好听的呀！”小弘历说，“简直色、香、味俱全。”

“那，好吧。”鳄鱼大王无奈地说。

“买卤菜到底是什么意思？”我忍不住问。

“有一次聂先生在赶路时，遇到几个坏人拦路抢钱，他们就是这么说的呀，难道不对吗？”我们愣了一下，随即哈哈大笑，原来“买卤菜”是“买路财”啊！

在很多神话中，都有以鳄鱼为原型创作的神祇。古埃及神话中有个著名的鳄鱼神索贝克，他非常厉害，拥有四倍的神力，曾庇护遭到迫害的荷鲁斯，并帮助荷鲁斯打败篡位的赛特，使其成为上下埃及之王。在玛雅神话中，鳄鱼则是制造大洪水，毁灭世界的源头。

hóng
锦魟

我们新加入的队友，也就是卤菜大王说，聂先生画好它之后，就启程前往海边，说是要寻找一种胎生的鱼，好像叫什么……锦魟。

这名字没听过，我翻看《海错图》寻找，找到之后，不由得乐了："咦，这不是魔鬼鱼吗？纪录片里经常看到它们成群结队地游来游去，像是天空中巨大的飞鸟一样，可好看了。"说完，我还凭借记忆，变出一张照片来。

"不，不，不，"白泽伸出小爪子左右摇晃，"你说的可不是锦魟，这是蝠鲼(fèn)。虽然它们长得很相似，也都被称为魔鬼鱼，但绝不是一种。"

小弘历凑过来，看看我变出的照片，又看看《海错图》上的画，搔着脑袋说："好像没啥区别呀？"

白泽说："很明显的不同——蝠鲼个头儿很大，而锦魟普遍比较小。还有它们之所以叫锦魟，就是因为背部色彩斑斓，看起来像华丽的织锦，而蝠鲼是没有这种花纹的。"

"为何要叫它魔鬼鱼呢？它很凶残吗？"东坡先生问。

"啊哈，这个我知道！"我指着照片说，"蝠鲼和锦魟性情都很温和，不会主动攻击人类。魔鬼鱼这个名字来自西方——人们看到它们从头顶游过的时候，感觉像是传说中的魔鬼，所以叫它魔鬼鱼。"

"不知道味道如何……"东坡先生若有所思。

"不知道能不能养在鱼缸里……"小弘历也喃喃自语。

"还是打消这些念头吧！这类鱼'只能远观，不可亵玩'，因为它们的尾刺上都有剧毒，被刺到了，不仅剧痛难忍，还有可能丧命呢！"

东坡先生和小弘历听了，一起咋舌：“真是可惜啊！”

“那个，那个，我有一个问题……”卤菜大王崇拜地看着我们说，“你们懂得真多啊！我有个疑问，不知道当不当讲。”

我本想说“既然不当讲那就别问了”，然而还没开口，卤菜大王就已经问了：

“我曾听聂先生说，锦魟不是卵生，而是胎生，这是真的吗？鱼怎么能是胎生的呢？它们是不是也和鲸鱼一样，不是鱼类，而是哺乳动物？”

哟，这家伙居然知道鱼类和哺乳动物的区别，看来真是小看它了。

不过，这个问题得确认一下才能回答。我赶紧查了资料，然后为大家科普：“哺乳动物多胎生，鱼类、爬行动物多卵生，但这并不是绝对的。在胎生、卵生之间，还有一种卵胎生，有一种蛇，蛇卵在妈妈肚子里孵化，出生后就是小蛇的样子。今天我们要找的锦魟就类似于这种，古人了解得不是特别清楚，所以才会误以为它们是胎生的。”

“原来是这样啊，奇怪的知识又增加了。”卤菜大王憨憨地笑了，又问，“那有没有卵生的哺乳动物呢？”

“有，鸭嘴兽就是卵生的哺乳动物。”

“那我呢？”

“你呀！”小弘历替我回答，“你是聂璜先生画出来的，哪用分什么卵生、胎生。不过鳄鱼肯定是卵生的。”

“那我们赶紧找聂先生吧！”卤菜大王催促道，“找到了他，我得好好确认一下，我到底是不是卵生的。”

这个问题有那么重要吗？不过找聂先生的确是我们的目标，那就快点儿走吧！

神奇秘语

魔鬼鱼虽然长相怪异可怖，但性情其实非常温和。它们经常在珊瑚礁附近巡游觅食，小鱼和浮游生物是它们主要的捕食对象。它们长长的尾巴上长有一根或多根毒刺，是用来防御强敌的有力武器。

龙门撞

锦魟分布于南海一带，古籍中只有《福宁州志》记载过锦魟，所以我们的目标就是向南海出发。可聂先生的梦境迷迷茫茫的，哪是南，哪是北呢？连白泽都皱起了眉头。

卤菜大王跳出来说：“不用担心，我来带路！”

“你知道南海在哪边？”小弘历对这个看起来非常不靠谱的家伙表示怀疑。

“不知道。但我知道聂先生朝哪边去了……”

别看卤菜大王又强壮又威武，可它的四条小短腿实在不适合远行，走了没一会儿就累得气喘吁吁，趴在地上偷懒了。

白泽去拉它，它就摇头晃脑地碎碎念：“我走不动了，你们为什么不背着我……

人家还是宝宝呢，宝宝心里苦……友谊的小船怎么说翻就翻……”

这场景真是又尴尬，又好笑。小奶狗一样的白泽，一脸严肃，带着恨铁不成钢的怒气；而大块头的卤菜大王却楚楚可怜，呜呜嘤嘤地撒起娇来。

我们正不知道如何是好，只听一阵整齐、宏大的合唱声由远而近：“游啊，游啊，游到黄河里，游过大沼泽，我们一刻也不停留。游啊，游啊，游过大峡谷，游到龙门上，我们一刻也不停留……”

好大的一群鱼呀，它们密密麻麻，井然有序，遮天蔽日地游过我们身边，又像风一样呼啸而去。要不是号子声还能远远传来，我都会认为这是一场幻觉。

“这是什么鱼啊？”小弘历也被震撼到了。

“看起来好像是龙门撞。”白泽说。

“龙门撞，还有这么奇怪的名字？”

“嘿嘿，我知道。”卤菜大王忽然跳起来，“聂先生没走的时候提到过，龙门撞个头儿挺大，没有鳞片，在海水和江河里都能生存。每到春季，许许多多的龙门撞就会沿着黄河逆流而上，去撞龙门。”

“撞龙门？”小弘历没理解。

东坡先生解释，“相传大禹治理黄河，开凿龙门时曾经许诺，如果有鱼能跃过去，就让它们变成龙。”

“龙门撞原来是这样来的呀，那它们真能变成龙吗？这么一大群鱼，要是都变成龙那得多壮观！”

“这怎么可能。”白泽说，“要是变龙那么容易，虺呀、蛟呀的还用辛苦修炼吗？”

“那它们为何要去撞龙门？”

“是为了产卵！”我刚刚查出答案，连忙为小弘历解疑，“龙门撞其实就是鲟鱼。它们沿着大河溯游，并不是为了变龙，而是寻找产卵地。它们喜欢在水流急、水底布满石头的河道产卵，龙门附近的环境正好符合要求。”

“这种鱼很了不起。”白泽补充道，“为了给下一代找到最好的孵化环境，它们会消耗掉全部的生命。”

“全部的生命？”

“是啊！溯流而上历尽千辛万苦，产卵以后它们就会死去。”

“这么说，刚才它们唱着歌，是去赴死的？”卤菜大王也惊呆了。

“也可以这么说。”

“那它们还那样兴奋，好像很有激情的样子。”

“奔向目标，让生命尽情燃烧，这不就是活着的意义吗？”听白泽这么一说，我心中涌起一种难以言表的情绪，小弘历和东坡先生也不由得转头望向龙门撞游走的方向。谁知白泽又慢慢地补充一句：“像我这样活了几千年的神兽，还真有点儿迷茫呢！”

这家伙，居然开始玩“凡尔赛”了！小弘历和我对视一眼，不约而同地向它冲去。

“哈哈，别过来呀！”白泽丢下卤菜大王，赶紧逃走。

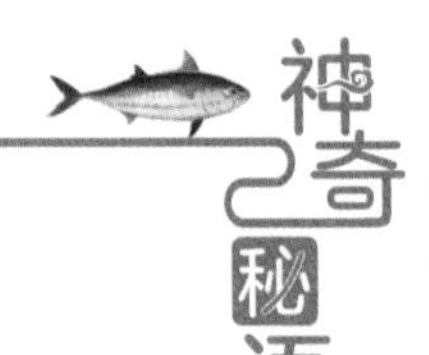

相传，上古时黄河水被拦在伊阙，泛滥成灾，大禹在此开凿龙门，治理水患，还告诉原本生活在水中的鱼类，逆流而上，跃过龙门，就能化身为龙。于是，河里的鱼纷纷跳跃，跃过去的，果然化身为龙；跃不过的，额头上便留下一道撞击龙门的黑疤。

虎鲨

“啦啦啦，啦啦啦，我有一个大嘴巴。啦啦啦，啦啦啦，唱起歌来人人夸……”卤菜大王一边走一边放声歌唱，硕大的体形和高亢的嗓门把方圆几百米的动物都吓跑了。我们几个也被它的歌声折磨得奄奄一息，但又敢怒不敢言，生怕这家伙一言不合就哇哇大哭。

忽然，远处的树林里传来一声怒吼：“吵死了，吵死了，谁唱歌这么难听啊！”

“竟敢说我唱歌难听？”卤菜大王气坏了，迈开小短腿呼哧呼哧地冲进树林，嚷着要跟对方一决高下。

然而不到一分钟它就以更快的速度跑了出来，惊恐地大叫：“不得了了，不得了了，鲨鱼变成老虎了！”

啥？鲨鱼变成老虎？我们顿时来了精神，一起冲到树林里看个究竟。咦，树林里还真有一只老虎，躺在地上用它圆溜溜的眼睛瞪着我们。

“嗷呜！”老虎吼叫道，“你们是刚才那个大傻蛋的同伙吗？”

“你才是大傻蛋！我看见了，你是鲨鱼变的假老虎！”

“嗷呜！你敢说我是假老虎，有什么证据吗？”老虎狡黠地说，“要是没证据，我可告你诽谤！”

“当然有证据了。”白泽指着老虎的四肢，“你的爪子还没变出来呢。”

我们仔细一看，嘿，还真是！这老虎的四肢花纹斑驳，不仔细看瞧不出有什么，但爪子那里却画风大变，分明就是鲨鱼鳍。

“哈哈，原来也跟我一样是个小短腿。”卤菜大王看到老虎这样，也不害怕了。

没有利爪的老虎顿时威武不起来了，只能虚张声势地说：“我、我过几天爪子

皮

就能长出来了，你们可不要欺负我！”

“难道它真的是鲨鱼变成的吗？”我很好奇。

“古书里是有这样的记载。”博学多闻的东坡先生说，“相传东海里有种虎鲨，它们能在春天的夜里爬到海边山中，经过十余天身体就变成老虎，只不过四肢难以变化，需要一个多月才能变好。”

“好神奇呀！”我感叹道，“原以为只有鱼虎那样的小东西才能化生，没想到虎鲨这么大的块头也能变化。”

“哈哈，皮蛋哥哥没有听过鲲化为鹏的故事吗？那可比这个大多了。”小弘历说，“不过，我有点儿好奇，虎鲨变成的老虎和山中真正的老虎有没有区别呢？”

“当然有区别。”白泽指着虎鲨的身子说，“你们看它的纹理，又直又长，而且分布稀疏；真正老虎的纹理排列密致，长度较短。”

“什么，还有这区别？”虎鲨将信将疑地说，“我自己都不知道，你怎么知道？小白狗，你不会在骗我吧？”

“你才是小白狗！”白泽气得跳起来，“我是白泽大人，无所不知的白泽大人！”

“啊，久仰，久仰！”虎鲨立刻换了副面孔，谄媚地对白泽说，“您既然无所不知，我正好有个疑问。”

“什么疑问呀？”

虎鲨咧开嘴巴，露出尖利的牙，问：“您知道我们鲨鱼每隔一段时间就换一次新牙。我出来时，正好掉了两颗牙，不知道变成老虎后，还能不能长出来？”

“这个嘛？”白泽摇起了头。

“你不会不知道吧！”虎鲨一脸质疑。

“谁不知道！”白泽头一扭，“不想告诉你，你要想知道，就跟着我们，自己找聂璜先生问吧！”

神奇秘语

相传，明代嘉靖年间，人们忽然远远望见一条大鱼跃上崖岸，于是纷纷前去观看。可到了那里，只看到一只似虎非虎、没有爪子的怪物。怪物身上长着稀疏的毛，只能在地上滚动，不能行走。人们非常诧异，有见多识广的老人说：“这就是鲨鱼在变老虎呀！”人们害怕怪物变成老虎后伤人，就赶快用石头、木棍将其打死了。

tún
海豘

走着走着，卤菜大王忽然压低声音说："我们被跟踪了！"

"哪里？是谁？我怎么没看到？"小弘历像连珠炮一样质疑起来，"我们有什么可跟踪的？你是不是幻听了？"

看到大家都不信，卤菜大王急得直跺脚，大声说："你们可以怀疑我的鱼品，但绝对不要怀疑我灵敏的嗅觉、听觉和视觉！"

虽然它有点儿不靠谱，但作为朋友，我们还是选择相信了它，以迅雷不及掩耳之势布了一个包围圈，果然发现了跟踪者，不过大家都傻眼了——跟踪我们的居然是两只胖嘟嘟的江豚宝宝。

两个小家伙鬼鬼祟祟的，正在商量怎么对付我们。大一点儿的江豚哥哥说："我冲过去吸引他们的注意力，你赶紧去救小妹，成功了就给我发信号，我们一起逃跑。"小一点儿的江豚弟弟连连点头，小眼神认真极了。

"哈罗！小家伙们，你们好啊。"我调皮地在空中倒立着跟它们问好。

"人类！"小江豚发现自己暴露了，尖叫一声，害怕得抱在一起瑟瑟发抖。

我赶紧安慰它们，"别害怕，我们不会伤害你们的。"

江豚哥哥生气地说："我才不会相信你！人类刚刚抓走了我们的小妹妹，长辈们都去想办法营救了，我们也要出一份力！"

白泽大叫道："不好！你们的长辈有危险，快带我们去救它们！"

大家都感到很诧异，问："你怎么知道的？"

白泽着急地说："江豚又叫海豘， 它们是一种非常团结的动物，如果有年幼的小江豚陷入危险，整个群体中所有的成年江豚都会结队去营救。渔民知道这一点，

皮

便设计来抓捕它们。”

“怎么抓捕呀？”我好奇地问。

“他们先抓住一头小江豚，将其拖在渔船的后面。然后布好渔网，等待江豚群前去搭救。等江豚全都进入圈套以后……”

“不要说啦！”小江豚吓得大哭起来，结结巴巴地说，“妈妈和长辈们去了好久还没有消息，一定是遇到了危险……”

“别哭，别哭。”小弘历安慰道，“我们一定能搭救出你们的妈妈和长辈！”

“可是……”小江豚看着我们欲言又止。

白泽知道它们在想什么，指着我和小弘历以及东坡先生，说：“他们虽然也是人类，但都是善良、有同情心的好人，不会见死不救的！”

“还有我！”卤菜大王叫道，“你们做好事可不能丢下我。”说完它使劲呼吸一通，然后指着一个方向说，江豚群一定在那边。我们立刻沿着卤菜大王所指的方向出发。不一会儿，就看到不远处的江中有一艘渔船，船头挂着一张渔网，一头小江豚正在网中挣扎，一群成年江豚正焦急地围着船游来游去。

“该怎么办呀？”面对这种情况，大家都束手无策。

这时白泽对我眨眨眼睛：“协助我，用意念让时间停止！”我来不及思考，赶紧集中精力，和白泽一起用意念控制梦境。一瞬间，除了我和白泽，周围的人和物都静止了，我们赶紧救出小江豚，并把它带到安全的地方，然后才恢复时间流动。

成年江豚看到小家伙已经获救，也立刻远离渔船，围在我们周围不断道谢。白泽摆摆手，对它们说：“快回去吧，不要再被人类抓住啦！”

海豘是主要生活在长江里的江豚。古时候，长江上的渔民经常看到它们的身影，将它们视为船只安全航行的守护神。但随着环境的不断破坏，以及过度捕杀，江豚数量越来越少，一度只剩下几百头。现在随着环境的恢复和人们的保护，江豚数量又有上千头了。

海狗

为了报答搭救之恩，江豚答应帮我们打听聂璜先生的消息。看着它们成群结队地游走，小弘历兴奋地说：“人……不，豚多力量大，这次我们一定可以很快找到聂先生啦！”

对了！这倒给了我启示。既然人多力量大，为何不再招募一些帮手呢？于是，我们准备了很多小零食，广发英雄帖，邀请各路海洋豪杰帮忙打探聂先生的踪迹。这些小零食都是经过小弘历和卤菜大王认证的美味，动物喜欢极了。于是，一时间我们这个任务小队风头无两，成为梦境世界最受欢迎的组合。

这不，又有个毛茸茸的家伙找上门来，看着我们大眼睛滴溜溜转个不停。

“你是来送消息的吗？”接待员卤菜大王扯着粗嗓子去招呼。

“零食！”

卤菜大王愣了一下，赶忙递上一小包辣炒青豆。

毛茸茸的家伙呼哧呼哧地吃完青豆，然后简短地回复：“是。”

“聂先生在哪里呀？”

“零食！”

卤菜大王赶紧又递上一小块蛋黄派。

毛茸茸的家伙一口将零食丢入口中，吃完后还回味半天，才吐出三个字："不知道！"

卤菜大王本来就看它不顺眼，一听气坏了："白吃白喝，看我不好好教训你。"

毛茸茸的家伙连忙求饶："不是白吃白喝！我的确不知道聂先生在哪儿，但在不久前见过他。"

"真的？"听它说见过聂先生，我们都围了过去。

"我是海狗，"毛茸茸的家伙解释，"因为身上长满了茸毛，所以人们也叫我们皮毛海狮。前段时间，我正忙着捕鲑鱼，忽然有个人类来到我跟前，不停地打量，一边看，一边说：'这就是海狗呀，和陆地上的狗也不怎么像呀。兽头，鱼身，鱼尾，且有二足，和《本草》中对腽肭脐的描述倒是挺符合的……'"

"这人一定就是聂先生！"卤菜大王说，"他就是这样观察各种动物的。"

"那后来呢？"我问海狗，"聂先生去哪儿了？"

"后来，后来我就不知道了！一听'腽肭脐'三个字，我还以为他是来抓我的，立刻就逃走了。不过听其他动物说，那位先生是个好人，到处考察是为了创作一本让人们了解海洋、爱护海洋生物的图册。"

"'腽肭脐'三个字有什么可怕的？"小弘历很不解。

"'腽肭脐'是一味药。"东坡先生解释道，"据说这种药是用海狗肾做成的，有填精补髓之功效，非常珍贵。"

"为了制作这种药，我们不知道有多少同伴被坏人捉去，惨死在刀下……"海狗伤心地说，"人类真是太残忍了！"

"那你还敢到这里来，"卤菜大王问，"他们也是人类呀！"

"我开始的确很害怕。不过江豚说，他们都是善良、有同情心的好人。"海狗说，"我来不是为了骗零食，而是有个请求。"

"什么请求？"

"希望你们找到聂先生以后，请他在图册上帮我们撒一个谎。"

“撒个谎？”

“对，就说腽肭脐不是在我们海狗身上得到的，这样人们就不会捕杀我们了，我们海狗也就不会四处逃亡了……”

看着它可怜的样子，大家异口同声地说：“好！我们一定会帮你请求的！”

海狗听了，高兴地转起圈来，临走时大声说：“我要把你们的事告诉所有朋友，让大家都来帮忙寻找聂先生！”

海狗在陆地上行动笨拙，却十分擅长游泳和潜水，它们能以每小时二十多千米的速度游动，并能潜至水下七十多米。每年海狗都会花费八个月时间来洄游，在此期间几乎从不上岸；只有剩下的四个月，才会上岸繁殖、养育后代。

潜牛

走着走着，我惊奇地发现，周围有了人类活动的痕迹，不仅有村庄，还有集市。

电视剧里的古代集市都铺着平坦的石板路，店铺整洁又干净；然而真正的古代集市并不是这样的，大部分街道是黄土路，只有大城市的主要街道才铺了石头渣子或者石板。

道路中间是车马行走的甬道，两侧不仅有人行道，还有各种杂货摊。黄土路被过往的马车驴车轧得中间高，两边低，走起路来深一脚浅一脚的。一阵大风过后，我们全都被吹得灰头土脸。

东坡先生居然觉得很有趣，张口吟诵起来："春色三分，二分尘土，一分流水……"

"可惜现在只有尘土，不见流水。"小弘历一边抖着身上的尘土，一边抱怨。

"流水在那边！"卤菜大王指着集市外面嚷道，"像是一条河，水还不小呢！"

"赶快去水边洗洗吧！"我提议道。虽然是在梦境，但尘土满面的感觉，依然让人感到非常不适。

离开集市，人烟逐渐稀少，我们进入一个村庄。村子里的房屋大多是泥土墙的茅草房，也有砖墙的瓦房，院子外面一圈是石头堆砌的院墙。有一条通往村外的主路铺着石板，卤菜大王一马当先，说沿着道路就能走到河边。

果然，在村子不远处有一条小河，一个看起来跟我差不多大的男孩牵着一头水牛在河边喝水，嘴里哼着小曲儿；但是我听不懂，问了白泽才知道，原来他唱的是"毋饮江流，恐遇潜牛"，意思是让牛别去江边喝水，不然会被潜牛吃掉的。

"潜牛是什么？"我锲而不舍地问。

“潜牛是一种传说中的怪兽，生活在南海中，长着牛脑袋、鱼尾巴，背上还有一对翅膀。它脾气很暴躁，喜欢打架，经常从海里跑到陆地上，找在江边喝水的水牛打架，打赢了就把水牛吃掉。”白泽做了一个龇牙咧嘴的鬼脸，搭配它的小毛脸和小奶音，别提有多萌了。

忽然一个声音在我们背后说：“小家伙你懂得挺多嘛，但你不知道吧，我不光喜欢吃水牛，还喜欢吃小狗，哈哈哈……”

我扭头一看，嘿，好家伙，一头巨大的红牛站在我身后，铜铃般的大眼睛正瞪着我们呢。这家伙长着一条古怪的鱼尾巴，不用想，就是传说中的潜牛了。

“哈哈哈，敢在背后说我潜牛大魔王的坏话，受死吧，小家伙们！”潜牛咧开大嘴，向我们扑过来。

我拉着白泽左躲右闪，潜牛怎么都抓不住，越来越暴躁。白泽哈哈大笑：“潜牛，潜牛，大笨蛋，头大腿短动作慢。潜牛，潜牛，大笨蛋，被我耍得团团转……”

潜牛气急败坏，却毫无办法，终于停下来，怒气冲冲地瞪着我们。卤菜大王从一旁笑道：“潜牛大魔王，赶快认输吧，看你的犄角都急得变形了。”

“真的吗？”潜牛慌慌张张地跑到河边，一下跳入水里，口中嚷嚷着，“等我恢复了力气，再回来教训你们！”

原来潜牛出水时间太长，犄角就会变软，回到水中之后，犄角又会变硬。不过我们可没有时间在水边等它，白泽在水边立了块“潜牛出没，注意安全”的牌子后，我们便继续前进，寻找聂先生去了。

神奇秘语

牛，是力气大的象征，所以古人创作了很多以牛为原型的怪兽。《山海经》中就记载了一种鯥（lù），它们样子长得像鱼，有鱼的尾巴，身上有鳞甲，却长着耕牛的头颅，发出的声音也跟黄牛一模一样。不知道这种鯥和潜牛，是否有关系呢。

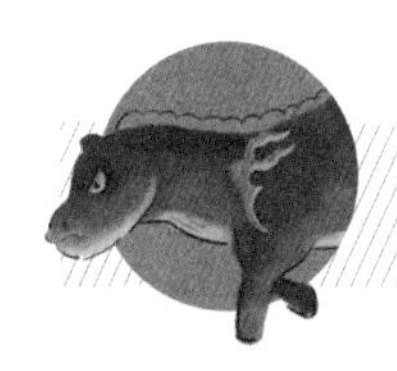

海马

突然，卤菜大王停了下来，呆呆地望着前方。

“怎么了，你看见什么了？”我们也停下脚步，好奇地顺着卤菜大王的视线看过去。嘿，好家伙，一只棕色的小短腿生物也在看着我们，它立在一大块珊瑚礁上，身体轻轻摇晃，不过似乎在板着脸，看上去有点儿不高兴。

卤菜大王使劲迈开小短腿跑到它面前，热情地说：“你好啊，你叫什么呀？你这小短腿可真漂亮，和我的像是一个模子里打造的，这可真是天赐良缘啊！”

东坡先生赶紧捂住卤菜大王的嘴，小声说：“天赐良缘不是这么用的！”

“哦，我知道了。”卤菜大王知错就改，“我们可真是不打不相识啊。”

这都是什么乱七八糟的用词……我们一致决定，假装不认识这家伙。

棕色小短腿板着脸，面无表情地看着卤菜大王。

卤菜大王小心翼翼地问：“小短腿朋友，你生气了吗？”

一口一个小短腿，换我也得生气啊，我对卤菜大王的情商深感绝望。

“我没有生气，我长得就这样。” 棕色小短腿摇着头说，“你们好啊，我是海马。”

“啊，我想起来了！”小弘历忽然一声大叫，打断了我的思绪，把卤菜大王都吓得跳了起来，“这不是屋顶上那只屋脊兽吗？虽然变成小短腿了，但是肩膀上这火焰花纹一看就是它。”

屋顶上？我想了想才反应过来，他说的是故宫。的确，我也在太和殿上见过呢，只不过雕塑和现实中的造型毕竟有些区别，所以一时没有认出来。

“不认识，不知道，我不是。”海马板着脸否认。

“怎么可能不是，”小弘历认真地说，“名字是一样的，长相也是一样的。”

“我说不是就不是！”海马似乎很生气。

我猜其中一定有什么缘由，便说：“或许我们认错了，海里还有一种动物也叫海马，个头儿很小，脑袋有点儿像龙，嘴巴像一根长长的管子，你见过它们吗？”

“当然见过。它们可受欢迎了，生活在海边的人都说它们是名贵的药材，很喜欢它们，可是却不喜欢我们，说我们既不能吃，又没有用，只能趴在瓦片上被风吹雨淋！”

“哈哈，原来你是因为这个生气呀！”我笑着说，“那可太不值得了。对渔民来说，你的确不能卖钱；但你是吉祥和智慧的象征，与龙凤麒麟并列，站在高高的宫殿顶端，为世人祈求好运，这哪是另一类海马能比的呢！”

“真的吗？”海马眼睛一下子亮晶晶的，似乎变得开心了，不过又低下头说，“可我总觉得自己不如另一种海马有用。”

“有用有什么好的，”东坡先生说，“我看没用才是真的幸运呢！有用的海马，被人们到处捕捞，连生命都保不住。而没用的你们，却能自由自在地在海中遨游。

我看你们不用羡慕另一种海马，另一种海马应该羡慕你们才是。”

“就是，就是。”卤菜大王听了东坡先生的话，赞同地说，“干吗要用别人的标准来衡量自己的价值。我们腿短，我们自豪，没人打扰，多么逍遥！走走走，我们一起玩去！”

《海错图》中提到了三种海马：一种是能做成中药材的海马，即现在人们在动物世界中看到的那种；一种是传说中的海马，完全和马一样，能踏着波浪奔跑；另一种类似海狗、海豹，形态和马有几分相似，长着与鱼类似的身体，能在海中潜游。

海和尚

这是我第一次亲眼见到古代县城的城门，没有我想象中高大，但比想象中厚重——石头城墙足足有两米厚！

小弘历和白泽跃跃欲试，非要进城游玩一番，我和东坡先生也很好奇，聂先生的梦境里怎么会有这座县城。但卤莱大王和新朋友海马不愿进去，它们说人类多，危险就多，坚持要待在外面等我们出来。

我们打扮成当地土著的样子，然后接受守城官吏的检查，穿过窄小的城门洞，进入县城。原来这是个依托港口建起来的小城，比我们之前看过的集市更大也更繁华，各种商铺林立，看得我目不暇接。

商铺里面摆放、售卖的大多是海产品，我们正要进去好好逛逛，忽然听到有人大喊："快去看啊，快去看啊，有人出海捕到了一只好大的鳖，就在码头上！"

"鳖有什么好看的，咱们又不是没见过，用得着这么大惊小怪的吗？"

"嘿，这只鳖和普通的可不一样，据说它长着人脑袋！"

"什么？人脑袋？"说话的人也变得惊讶起来，"那我可得去开开眼！"说完就屁颠屁颠地跟着人群跑向码头了。

长着人脑袋的鳖，难道是忍者神龟？哈哈哈……我被自己的想法逗乐了。这么好玩的事怎么能错过呢，我们也赶紧跟了上去。

码头上停靠着很多渔船，其中一艘被围得水泄不通，我们费了九牛二虎之力才挤进去。只见一只身体像鳖的生物躺在渔网中，伸了个懒腰，把脑袋从壳里伸出来，竟然真的是人脑袋！

"哎呀，这是什么呀？"

“没见过，从没见过这东西。”

“说不定能卖个好价钱呢！”

“可是这东西买了有什么用呢，还怪吓人的……”

显然渔民对这人头巨鳖也不熟悉。

就在大家七嘴八舌议论纷纷的时候，一位老大爷挤了进来，拄着拐杖，大声说：“坏事啦，坏事啦！你们这些无知小儿，怎么把这东西带回来了？”

“您老认识它呀？”

“这是海和尚！”老大爷痛心疾首地说，“和尚露头，巨浪掀舟。遇到这种可怕的海怪，会船毁人亡的啊！”

听他一说，围观的人们吓坏了，惊慌失措地问怎么办。老大爷想了想，说：“赶紧点上香烛，恭恭敬敬地把它送回海里。”

人们一点儿不敢耽搁，点上香和蜡烛，解开渔网，恭恭敬敬地把海和尚放回水中。海和尚围着渔船游了几圈，似乎在示威。岸上的人都吓得跪在地上，不敢抬头，海和尚这才满意，慢悠悠地游走了。

“这有点儿小题大做吧！”小弘历低声说。

我点点头，说：“的确，我看这海和尚不过是大一点儿的棱皮龟，这种龟是世

界上最大的龟类，能长到 3 米长，它们的脑袋就是光溜溜的。”

我们准备告诉大家真相，但东坡先生制止了我们。他说：“靠海生活的人忌讳多，遇到不了解的事情，拜一拜图个安心。咱们又不确定，还是不要说出来给他们增加难题啦！”

也是，渔民已经安心了，何必再去纠缠这件事。我们逛了一会儿，就出城了，不过没有找到卤菜大王它们。白泽说，它们留了信息，先行一步，去找聂先生了。

棱皮龟是世界上龟鳖类中体形最大的一种。它们体长 1 ~ 3 米，脑袋大，脖子短，远远看去，头部和人类的确有几分相似。这种龟主要生活在热带海域，游泳能力极强，海洋污染是它们生存的最大威胁。

海 参

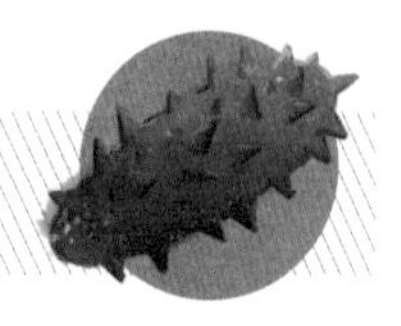

东坡先生和小弘历这对吃货又开始讨论美食了。其实他们每天都要讨论这个话题，一天一种美食，今天轮到海参了。

我忍不住想，如果海参能听懂人类的语言，方圆几百米的海参都得被他俩吓跑。但是海参能动吗？它们胖嘟嘟的，又没有四肢和鳍，怎么移动呢？像毛毛虫那样吗？我怎么想不起来了呢？这可真是书到用时方恨少啊！

“我到登州当太守的时候，哈哈哈……大伙儿设宴给我接风，席间就有海参……哈哈哈……我一连吃了五只呢！哈哈哈……”东坡先生说起自己的趣事，开心极了。但吃海参有这么好笑吗？

这不，我还没质疑，白泽先一脸黑线地说话了：“我说东坡先生，您就不能把吃海参的事从头到尾地好好说一说吗？我们都不知道您在笑什么……”

“好好，这就说。”东坡先生停了停，开始讲述，“那年我到登州做太守，接风宴上有一大盘葱烧海参，可真是美味呀，我连吃五只，过足了嘴瘾。第二天，盐帮宴请，又为我准备了生海参，生海参特别有嚼劲，吃起来嘎嘣脆，我连吃一盘，又没吃够。第三天，当地的读书人邀我到书寓做客，特意买了两个大活海参，我们一边饮酒，一边吃参，也算过瘾。

“在回去的路上，我看到正好有渔人卖海参，就让随从买了一大盆，吩咐一同来的厨子剖出内脏，然后将海参与红烧肉一起炖，本想再创作出一道‘海参东坡肉’传世，也不枉到一回登州府。

“不多时，肉炖好了，我正要吃。厨子忽然狂奔过来，鼻血流到地上，大呼：‘大人，这参有毒，不能吃！’吓得我连忙丢掉筷子。

“这时主簿到来，看到我们惊慌的样子，大笑道：‘不必惊慌，不必惊慌，这参没有毒。只不过刚从海里打上来，太补啦。大师傅鼻孔流血，想必是吃了不少吧？’

“厨子不敢说谎：‘我听人说，大人一连吃了三天海参，忍不住嘴馋，炖煮的时候，自己先吃了三只。’

“原来，海参虽然味美，却不能多吃。人家宴请我的海参，在上桌之前已经用深井凉水浸泡过，使其药性消散，加上我路途劳顿，虚火旺盛，所以连吃几顿都没有事。而厨子不同，他本来火就大……”

“哈哈，看来好的东西也不能吃太多！”我笑道。

“是啊，是啊，物极必反！”东坡先生说，“当时真是尴尬，整个登州府的人都知道了，新来的知府不单自己是个吃货，带来的仆人也是吃货。还好，我只在那里当了几天官就被调走了。临走时，我还写了一首自嘲诗：五日太守四吃参，三次失态一丢人。告老当居登州府，活参佐酒胜天神。”

“哈哈，连糗事都能写成诗，不愧是我的偶像。”小弘历赞许地说。

我突然想到一个问题："海参为什么叫海参？跟人参有什么关系吗？"

东坡先生乐了："当然有关系啊，海参的意思就是海里的人参嘛，这是说它们像人参一样珍贵有营养。"

"这么简单的道理，我竟然没想到！"我恍然大悟。

"还有一个共同点呢。"白泽补充道，"人参中含有一种人参皂苷，海参中也有海参皂苷。但有些海参是有毒的，不能乱吃哦！"

但它忘了，真正的吃货是无所畏惧的。东坡先生和小弘历异口同声地说："我们连河豚都不怕，还怕海参吗！"

神奇秘语

别看海参行动慢，人家可有一个谁都学不来的逃生绝活——它们遇到危险，遭到追捕时，就会迅速将内脏抛出。失去内脏的海参并不会死亡，就在猎食者以为抓到了它们，准备大快朵颐之时，海参已经逃之夭夭了。

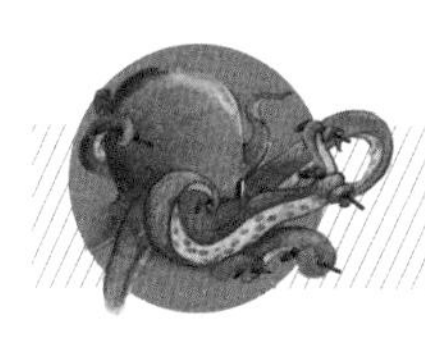

巨章

小弘历说自己是神枪手,但是我表示怀疑:“你会用枪?你是不是想说射箭啊?”

小弘历哈哈大笑，“你可别小看古人的智慧，宋朝就有突火枪了，可以说是最早的能发射子弹的步枪。到了元朝，突火枪演变成火铳，火铳是世界上最早的金属射击火器。”

“也就是说，最早的火枪其实是中国人发明的?”我非常吃惊。

“当然是中国人发明的。”小弘历眯起左眼，比了个射击的姿势，“我可是专门学过火器射击的，大家都说我有天赋。如果生活在你的时代，没准儿也能拿个奥运会射击比赛金牌什么的。”

“你那会儿能接触火铳的人本来就很少吧?你又是皇家子弟，谁敢说你没天赋啊?运动员可不一样，全靠实力说话。”我毫不留情地吐槽。

小弘历很不服气，无师自通地用意念“变”出了一把火铳。但因为不熟练，火铳没有出现在他手中，而是出现在不远处的地上。小弘历觉得有点儿没面子，又变了一把，还是出现在地上。他再接再厉，一连变了好几把，结果都一样。小弘历终于决定放弃了，走过去想要捡起火铳。然而有几只“手”比他更快，以迅雷不及掩耳的速度，把所有的火铳都捡走了。

然后我们惊恐地发现，这些“手”都属于一只巨大的章鱼!大章鱼的每只触手都“拿”着一把火铳，有的触手在兴致勃勃地研究火铳，有的触手“拿”着火铳瞄着我们。

我赶紧举手大喊：“不要伤害我们!”

“皮蛋哥哥你太胆小了，居然会怕一只章鱼。”

我反驳道："我才不是胆小。章鱼是一种高智商软体动物。它们有三个心脏，两个记忆系统，一个连接大脑，一个连接八只触手。章鱼的八只触手是可以独立工作的，因此也可以说，章鱼有九个大脑！这家伙力气大又聪明，就问你怕不怕？"

东坡先生疑惑地问："章鱼我吃过，怎么会如此之大呢？"

白泽解释道："古人管巨大的章鱼叫章巨。据说它们力气非常大，曾经有人在海边滩涂上养猪，但发现小猪莫名其妙地失踪，最后只剩下猪妈妈了。大家都很疑惑，后来才发现偷小猪的贼竟然是从海里出来的——一只章巨。每到涨潮时章巨就溜到猪场，用柔软、有力的爪子将小猪掳走。不过它后来还是被人们捉住了。因为在吃光所有小猪之后，贪婪的章巨又来抓猪妈妈，不过猪妈妈力气大，反将它拖到了岸上。"

"我们还被火铳瞄准着呢！"小弘历开始害怕了，小声嘀咕，"这可咋办，我可不想就这么英年早逝。"

"嘿嘿，我有办法。"我用意念造出一只大罐子，"章鱼对瓶瓶罐罐情有独钟，看见罐子就要钻进去，渔民经常利用这种方法捕捉章鱼。"

我把大罐子轻轻地向章鱼滚过去。章鱼一看见罐子，就迫不及待地扔下火铳，钻了进去，舒舒服服地待在里面再也不出来了。

小弘历赶紧跑过去捡回火铳，让我和白泽用意念帮他收起来。"这东西太危险了，我可不想再被一只章鱼用枪指着。"

于是，直到最后，小弘历也没能证明自己的枪法。

神奇秘语

章鱼的神经系统是无脊椎动物中最神秘、最高级的。它们有两套记忆系统：一个是大脑记忆系统；另一个记忆系统直接与吸盘相连，这相当于章鱼的每个触手都有独立的"指挥中心"。所以它们的反应速度非常迅速，能轻易地发现敌人、捕捉猎物。

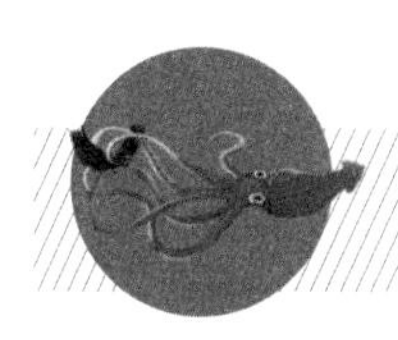

墨鱼

我们接到卤菜大王传来的消息，说聂先生曾出现在东海边，于是立刻赶了过去。在碧海蓝天之间，银白的沙滩上，我们看到了一个伟岸大叔。

“那一定就是聂先生。”终于找到任务目标了，我激动不已。

“聂先生”又在观察什么动物？我们跑过去想要打招呼，可他就像没看到我们一样，拿出随身携带的笔砚袋，面朝大海，满脸惊叹，连声赞道：“壮哉！壮哉！”

“原来这位先生也是文人墨客，看样子是要吟诗作词了！”东坡先生兴致昂扬地等在一边，似乎准备步韵和上几句。

哪知这位伟岸大叔拿着笔墨，却迟迟不写一个字，翻来覆去只有一句“壮哉”，让我们失望不已。最后估计连他自己也急得不行，竟把笔砚袋用力扔进海里，然后气呼呼地走了，留下我们几个面面相觑。

忽然，我发现海面上似乎有什么动静，于是赶紧招呼大家一起飞过去看。

原来是一只乌鸦发现海面上漂浮着一只死去的乌贼，兴冲冲地俯冲下去想吃掉它。不料乌贼“死而复生”，伸出长长的腕足，把乌鸦卷进海里，变成了自己的食物。

“乌贼吃乌鸦吗？可我记得它主要吃小鱼、贝壳、螃蟹和其他软体动物啊。”我有点儿疑惑。

“啊！我知道他是谁了！”东坡先生激动得跳了起来，“没想到竟然能在这里碰到他。”

“谁呀？”小弘历好奇地问。

“秦始皇！”

“什么，秦始皇？”

“对，相传秦始皇当年巡游到东海之畔，将随身携带的笔砚袋扔进了海中，后来这袋子吸收日月之精华，变成了一种鱼。白色的袋身化成身体，袋绳变成长须，袋子里的墨变成了它的武器，遇到危险就会喷射出黑色的墨汁，于是人们称它为墨鱼。也就是我们刚才看到的乌贼。”

“可是为何叫它乌贼呢？”小弘历不解地问。

“或许是海边的人们觉得它们非常狡猾，就像贼一样敏捷吧！”

“我知道！”我翻着资料，开始为他们科普起来，“别看乌贼是软体动物，它们的智商可高了，遇到弱小的动物，它们就会伸出长爪，化身最冷血的捕食者；可要是遇到了强敌，它们就立刻放出肚子里的墨汁逃之夭夭。它们不仅能在水里游动，还能跃出水面，短暂滑行。此外，乌贼还有出色的伪装能力，它们能根据周围的环境改变自己的体色，甚至变化体表的图案和纹理。”

“乌贼和章鱼好像很相似，它们谁更厉害呢？”无所不知的白泽，居然也会问问题了。

“肯定是章巨，章巨个头儿那么大，连小猪都能偷。”小弘历说。

“这你可说错啦！”我笑道，“世界上最大的章鱼有五米多长，重一百多斤；而最大的乌贼，也就是大王乌贼，有十几米长，体重达五六百斤，连鲸鱼都不敢轻易招惹它们。”

“幸好我们看到的乌贼没有那么大。”小弘历说。

“聂先生应该没见过那种大王乌贼，所以它们不会出现。可是秦始皇为什么会出现在这梦境里呢？”

“大概是聂先生看到乌贼，也想到了秦始皇扔笔砚袋的故事吧。”白泽说，“我们不是也遇到了东坡先生嘛，梦境里没什么是不可能的！”

神奇秘语

在北欧地区的神话中，北海巨妖占据着重要的位置。这种巨兽长着十几只巨大的触手，力大无穷，能轻易地将船只折断、卷入海底。乘船出海的人，遇到了它们，几乎没有逃生的可能性。后来，人们认为这种巨妖的原型就是大王乌贼。

zhà

蛇

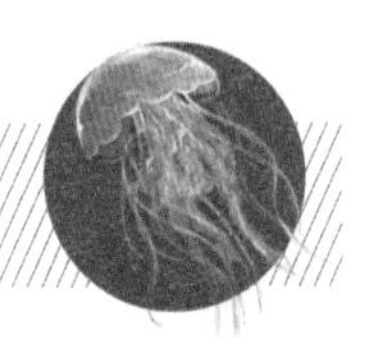

又到了美食时间，今天的主题是凉菜。小弘历绘声绘色地说起他很喜欢的一道凉菜：“将一种半透明的海洋动物切成丝，加入各种调味料凉拌即可，夏日食用，尤其清凉爽口。”

“这是何种食材，我竟闻所未闻，真想见识一下啊。”东坡先生又是羡慕又是着急。

我想了想，这不就是凉拌海蜇丝嘛，很常见的一道菜啊，为什么东坡先生会说闻所未闻呢？

东坡先生听了我的疑问，哈哈大笑：“小皮蛋，你我之间差了将近千年的时光，在你看来很常见的东西，对我来说并不常见啊。”

小弘历问：“皮蛋哥哥，你见过海蜇吗？”

“我当然见过。”我看似云淡风轻，其实心里嘚瑟极了，“海蜇是一种水母，我们吃的海蜇丝是它的口腕部，其实它的伞部也能吃，就是我们常说的海蜇皮。”

“原来海蜇就是水母，古人说水母是水凝结而成，是真的吗？传言水母离开大海就会化成水，是真的吗？水母目虾的说法是真的吗？”东坡先生兴致勃勃地问了一连串问题。

“水母是一种动物，不是水凝结而成的。不过，它们身体里95%都是水，死后几个小时就会‘溶解’成液体。”还好我喜欢看纪录片，不然还真回答不上来。但是水母目虾的故事是什么，我完全不知道啊。

“死后会变成水，那我们吃的海蜇又是从何而来呢？”小弘历纳闷儿地问。

这个问题我不知道，只得求助白泽。

“渔民为了不让海蜇溶化，用明矾使它们迅速脱水，这样，胖嘟嘟的海蜇一下子变得又薄又瘦，就可以长期保存了。”白泽笑嘻嘻地看着我，“虽然你没听过水母目虾这个成语，但原理你肯定知道。”

“水母目虾的意思是，水母没有耳朵和眼睛，不知道躲避危险。虾经常依附于它们表面，危险出现的时候，虾受到惊吓赶紧逃跑，水母感应到了，也赶紧躲起来。人们根据这种现象，创造了‘水母目虾’这个成语，比喻一个人没有主见，人云亦云。”

“我知道了，就是生物之间的共生！水母为小鱼小虾提供保护，小鱼和小虾为水母提示危险。”我又学到了一个新成语。

忽然，小弘历兴奋地说：“快看，我抓到了一只水母，它肚子里还有一条小鱼呢，这就是你说的共生吧？”

什么？我急得大叫：“快扔掉！水母的触手有毒！”

小弘历吓了一跳，赶紧扔掉水母，心有余悸地问：“那为什么我们吃的海蜇没毒？”

“那是因为渔民用明矾为水母脱水时，也将毒素破坏掉了。用手碰触水母可是很危险的呀，有些水母的毒素特别厉害，少量就能引起人剧烈疼痛、呕吐、痉挛，甚至心脏衰竭！所以，渔民都是用长鱼镖刺穿水母，然后再用网打捞的。”

“哎呀，那我怎么解毒呢！”小弘历着急地说。

“不怕，不怕。”白泽笑嘻嘻地戳了戳那只水母，“别忘了，我们这是在梦里，你不会有事的。”

小弘历这才松了口气，自此变得老实多了，不敢再乱抓东西了。

水母非常漂亮，外形就像一把漂浮的伞。它们有大有小，小水母只有几厘米，而大水母的直径可以达到几米，触手更是长几十米。水母利用体内喷水向前游动，动作非常优雅。有些水母还有各种花纹，在蓝色的海洋中，色彩各异的水母构成了最亮丽的风景线。

海凫

我们似乎离聂先生越来越近了，但每次都差那么一点点，只能擦肩而过。

不过我一点儿也不着急，甚至希望这段旅程能再长一点儿。东坡先生、白泽、小弘历，他们都太有趣了，这样的朋友一个就很难得了，我身边居然有三个！和东坡先生一起钓鱼，跟小弘历吵嘴、聊天，和白泽一起晒太阳……对了，我们还一起跳街舞呢！大文豪和小皇子跳街舞的样子，你们见过吗？我不仅见过，还是他们的街舞老师呢！

我们正在练习一支新的舞蹈，忽然听见喊救命的声音，赶紧停下舞步，朝求救声的方向跑去。

两个渔夫模样的人手执鱼叉和渔网，正在追赶一只棕色的大鸭子。大鸭子迈着小短腿，扑棱着翅膀向我们跑来，拼命大喊："救命！杀鸟了！"

我下意识地上去拦住渔夫，大鸭子趁机躲到我身后，可怜兮兮地哀求我救它，我为难地问渔夫能不能让我买下这只大鸭子。

"大鸭子？它可是海凫！"一个渔夫哈哈大笑。

海凫是什么？我用眼神向小伙伴们求助。

东坡先生轻抚胡须，答道："古书记载，海凫出现会引发灾难，小则田地里的稻谷高粱全都消失，大则天下大乱。"

另一个渔夫怒气冲冲地说："我们抓它是为了保乡里平安，你们别多管闲事。"

东坡先生问："这不过是传说而已。二位觉得，一只鸭子，真能给人间带来灾祸和战乱吗？"

"即便是传说，我们也不能冒险！"

“不然，不然。”东坡先生笑着说，“如果这鸭子真有那么大的能耐，恐怕你们抓了它倒是不祥的事，不如放了。如果这鸭子没有什么神奇之处，抓了也卖不了几个钱，不如卖给我们个人情……”

两个渔夫大概被东坡先生的逻辑绕晕了，想了半天才说：“我们放了它，能有什么好处呢？”

东坡先生当场画了一幅海凫图，送给他们当作补偿。渔民拿着画，左看右看，犹疑地议论：“画得倒是不错，可这么一幅画，换一只鸭子，咱们是不是亏了？”

“放心吧！”小弘历说，“这张画够你们买一大群鸭子了。”

两个渔民一听，拿着画开心地走了。海凫这才松了口气，趴在地上懒洋洋地说：

“多谢几位壮士，如果有用得着的地方，在下万死不辞。”

这浓浓的戏剧腔，要是卤菜大王在，它俩肯定会成为好朋友的。

东坡先生笑眯眯地看着它：“古书记载，海凫是由石首鱼所化，石首鱼脑中有两颗石头，不知你脑中有没有呢？”

“救命啊！”海凫吓得跳了起来，大叫着逃走了。

我们坐上船继续探索。我好奇地问：“石首鱼是什么鱼，海凫又是什么鸟呢？”

白泽回答道：“石首鱼就是黄花鱼，脑袋里有耳石，耳石不仅能让它们听见声音，还能维持身体的平衡。不过石首鱼化海凫只是个传说而已，据考证，海凫可能就是秋沙鸭。”

我知道，在秋沙鸭家族中，中华秋沙鸭的数量最少，已经成为濒危物种了。如

果我能从梦境里带一只回去，那岂不是帅呆了……

我正胡思乱想，忽然听见小弘历惊恐地大喊：“冰山！”

只感到船头一阵剧烈的碰撞，我眼前一黑，失去了意识。

神奇秘语

晋惠帝时，海边有渔民抓到了一只怪鸟，毛长三丈有余，不知道是什么。于是，将怪鸟拿给张华看。张华博学多闻，看到鸟以后，惊恐地说：“这就是海凫，它们出现预示着天下大乱。”果然，没过多久，天下就爆发了战乱。

海鹅

“嘎嘎，这些就是传说中的人类吗？”

“人类喜欢吃肉，不像我们是素食主义者。”

“人类还喜欢三妻四妾，不像我们对爱情忠贞不渝。”

“这么说，我们比人类好多了啊，嘎嘎，嘎嘎……”

我迷迷糊糊的，感觉自己躺在草地上，旁边有很多人在说话，还有鸭子在叫，真是好聒噪啊。更糟糕的是，好像还有什么东西在啄我的头发。

我费力地睁开眼睛，嘿，好家伙，几十只小白鹅围成一圈在围观我。看见我醒了，它们都欢呼起来：“这个人类小崽子醒了！这个人类小崽子醒了！”

“人类小崽子，这是什么神仙称呼！也太不尊重小学生了吧！”

我瞪着这些唠唠叨叨的家伙：“闭嘴，你们这些没见识的鹅，我才不是什么小崽子，我是聪明善良、大方可爱的皮蛋！”

“皮蛋，皮蛋，好怪的名字呀！”

“他说我们是鹅，他说我们是鹅！”

我正要起身，一只年轻气盛的鹅忽然跑到我跟前，伸长脖子，威胁似的嚷道：“我们不是鹅！我们是海鹅！”

我小声嘀咕：“海鹅不也是鹅吗？”

另一只个头儿较大、看起来较为年长的海鹅严肃地说：“当然不是啦。因为我们生活在海边，长得有点儿像鹅，所以人们叫我们海鹅，实际上我们的大名是雪雁。我们是候鸟，每年秋天都要迁徙。迁徙之前，我们会一次性更换全部飞羽——就是用于飞行的羽毛。在新的飞羽长出来之前，我们就隐藏在湖泊旁边的草丛里，躲避

我们的天敌。”

这时，东坡先生和小弘历走了过来，看样子他们也刚醒。听到我们的对话，东坡先生说：“古书记载‘海鹅脚弱不能行，以其久在水也’，原来事情的真相是这样啊！”

“什么？人类竟然这么说我们？真是太可恶了。”一只年轻气盛的海鹅暴跳如雷。

“那只是误会而已。其实，人类还是称赞你们的多。比如大诗人杜甫就写过‘故国霜前白雁来’——白雁就是人们常说的海鹅。因为你们常常在霜降之时飞过中原，所以人们还赠了你们两个雅号呢！”

“什么雅号？”

“霜信和霜翰，翰是羽毛，引申为书信，意思是，洁白的白雁从远方飞来，带来了霜降的信号。”

“霜是洁白的，就像我们的羽毛！”

“我最爱圣洁的霜雪……”

海鹅很喜欢这两个名字，对我们的态度立刻变了，还准备了丰盛的午餐招待我们——各种植物的根茎和叶子。

“我们是吃素的，只有这些食物，请不要客气。”

面对盛情邀请，我们赶紧摇头说自己还不饿，需要继续赶路。这时，我忽然发现：“白泽哪里去了？”

小弘历噘着嘴巴，扭头示意：“喏，不是在那儿嘛！”

原来白泽这家伙正躺在地上，让一群小海鹅在它身上啄来啄去。

“出发啦！出发啦，白泽！”我扯着嗓门大叫起来，可那家伙一动也不动，就像没听到一样。

“这样不行，”小弘历坏笑道，接着大喊，“开饭喽！”

刚才还不动如山的白泽，听到这喊声，嗖地一下跳起来，迅如疾风般地蹿了过

来：“哪儿呢？哪儿呢？饭在哪儿呢？”

看到我们哈哈大笑，它小爪子放在肚子上，眼巴巴地望着我：“饿了……”

好吧，真拿这家伙没办法。

神奇秘语

雪雁主要生活在极北的苔原地带，到了冬天，才会飞往南方过冬。它们喜欢结群，一群雪雁从几只到几千只不等。鸟类都有换羽现象，其他鸟类是逐渐换羽的，而雪雁的飞羽则一次性全部脱落，在这期间它们暂时失去飞行能力，只能隐蔽于湖泊草丛之中，以防敌害捕杀。

海鸡

“哥们儿，你不好好摆摊，急急慌慌地跑什么？”

“你不知道啊？今天知县老爷升堂审案，大伙儿都去看呢！”

“升堂审案有什么稀奇？”

“因为知县老爷审的是一个鸡蛋！”

“什么什么？审鸡蛋？这可真是新鲜，走，我们也看看去！”

集市上摆摊的人们纷纷收摊，来到县衙前，围观知县审“鸡蛋”。我们也好奇地跟了上去，想看看这个鸡蛋究竟犯了什么错，竟然要被审。

知县是一位三十多岁的大叔，他坐在公案后面的椅子上，左右两边的桌椅上坐着他的辅佐官——县丞、主簿、典史，下面还站着几个巡捕。

在公案左边的原告石上跪着一位老婆婆，右边的被告石上跪着一个小伙子，中间的地上静静地躺着一个鸡蛋。

老婆婆一脸苦楚地诉说："这是我家的鸡蛋，可小伙子非说是他的，请大老爷为老妇做主呀！"

"胡说！"小伙子矢口否认，"这明明就是我家的鸡蛋，你非说是你家的，分明是诬告，也请县老爷为我做主。"

"老太太，你说是你家的鸡蛋，有什么证据？没有就是诬告呀！"

"回禀老爷，我有证据。"

"证据在哪里？"

“到了天黑证据就会出来。”

居然会有这种事，人们听了老婆婆的话，议论纷纷：“证据怎么能自己出来呢？”“这老婆婆怕是年纪大了，说话都颠三倒四的……”

“等！”县太爷一拍桌案，大家都肃静下来，静静地等待天黑。很快，太阳西沉，天色渐暗，忽然有人大叫：“看哪，鸡蛋在发光！”

什么？鸡蛋会发光？我使劲伸长脖子，仔细观察，只见鸡蛋在暮色中发出微微的白色亮光。随着天色越来越暗，鸡蛋变得越来越亮。等太阳完全落下去，这个鸡蛋像是一颗夜明珠，在夜色中熠熠生辉。

有人惊叹道：“这不是鸡蛋，是夜明珠吧！”

“大人，这光就是证据。”老婆婆说，“这是鸡蛋没错，但不是普通的鸡下的蛋，而是海鸡。”

陆地上有马、牛、鹅、兔，海里就有海马、海牛、海鹅、海兔，现在还有海鸡。好家伙，这意思是，陆地上有什么，海里就也有什么？

人们面面相觑，不知道海鸡是什么动物。东坡先生和小弘历也不知道。白泽趴在我脑袋边，奶声奶气地说：“海鸡是一种传说中的海洋动物，生活在海滨的岩石

和岛屿之间，喜欢吃鱼虾，叫声像猫一样。海鸡不会飞，不会潜水，肉也不好吃，渔民都很嫌弃它们。后来有人捡了海鸡的蛋去贩卖，买的人偶然发现这些蛋晚上会发出夜明珠一样的光芒，从此海鸡就变得十分珍贵和少见了。”

晚上视线不好，人们还以为是我在说话，纷纷夸奖我小小年纪就如此博学多才，简直就是神童，夸得我都不好意思了。

事情真相大白，人们又开始议论纷纷：“年纪轻轻，居然抢老婆婆的鸡蛋。”“这种事也做得出来，真是世风日下呀！”

县太爷重重地拍响惊堂木，大声呵斥：“海鸡蛋是老婆婆的，你还如何狡辩！”小伙子早就吓得瑟瑟发抖，说不出话来了。

看来真是“若要人不知，除非己莫为”啊，做坏事、说谎话，自以为天衣无缝，到头来却总会败露的。

动物身上，有像夜明珠一样的宝物的，除了海鸡蛋，还有很多。《山海经》中提到有种叫狪狪的野兽，长得像野猪，体内也有一颗明珠。人们将这种明珠当作珍宝，所以到处寻找狪狪，导致它们不得不躲入深山老林中。

金丝燕

小弘历今天的美食讲座主题是燕窝，听起来，他对燕窝可不是一般的爱：“燕窝是最最上品的佳肴之一，它们色泽晶莹剔透，宛如水晶，清香滑爽，入口即化，每天晚上吃一盏冰糖燕窝，甜到喉咙，清心润肺，简直妙不可言……”

“等等。”东坡先生缓缓提出一个问题，“燕窝是什么？”

“啥？您不知道燕窝？”小弘历夸张地说，“作为吃界翘楚，您怎么可能不知道燕窝？”

对此我也感到疑惑，毕竟我虽然谈不上熟悉美食，但也知道燕窝是很名贵的食物，热爱美食的东坡先生竟然不知道吗？

“这有什么好奇怪的，你们真是不学无术。”白泽惬意地喝着冰可乐，嘲笑道，“燕窝传入中国，有明确记载是在明朝，相传是郑和下西洋时带回来进献给明成祖的。东坡先生那个时代，压根儿就没听过燕窝呢！”

“啊！原来是这样！”小弘历张大嘴巴，惊讶地说，“这么美味的东西，居然那么晚才传到中国，真是可惜呀！”

白泽小声嘟哝：“你们人类还真是奇怪，有那么多美食，结果连燕子的窝都要吃。尤其是小弘历这家伙，居然每天都要吃燕窝，也不知道有什么好吃的……”

“因为燕窝美味呀，而且还营养丰富呢！”小弘历辩解道，“书上说，它是滋阴润肺、化痰止咳、调理虚损的圣药呢！”

“燕窝是燕子用口水筑的巢，真有这么神奇吗？”我其实有点儿怀疑。

“什、什么？燕子的口、口水？”这下小弘历也惊呆了。

“对啊，你不知道吗，燕窝是雨燕和金丝燕用自己分泌出来的唾液，再混合其

他一些材料筑成的巢穴，其实并没有传说中那么神奇。”我努力回忆听过的一些关于燕窝的知识，现学现用。

小弘历不想承认自己吃了燕子的口水，还想挣扎一下，“可是我听说，燕窝是海燕衔来一条条小鱼修建的巢，怎么会是它的口水呢？”

“聂先生在《海错图》里说，他已经研究过了，小鱼生出来就有眼睛，但燕窝条条都没有眼睛，所以肯定不是鱼。他还从古籍中看到，燕窝是金丝燕吃了蚕螺以后，消化不了，就变成唾液吐出来筑巢。”白泽毫不留情地补刀。

小弘历捂住嘴巴，默默地走到旁边，蹲下，一脸生无可恋的表情。

东坡先生走过去正要安慰他，不料小弘历抓住东坡先生的袖子，热情地说：“东坡先生，您有没有兴趣品尝一下燕窝？那样的话，您就是中国食用燕窝第一人了！”

东坡先生内心陷入了挣扎。我赶紧劝说他：“您不知道，摘掉燕窝是多么残忍的事情。很多无辜的小燕子还没来得及学会飞翔，就被人拆掉了家，从高高的悬崖上掉下来，燕子妈妈却只能在旁边眼睁睁地看着，无助地哀鸣！其实，燕窝就像鱼翅一样，真没有什么特别的味道，只是为了满足人们猎奇的贪吃之心，最后导致无数鲨鱼被杀死，这有必要吗？”

东坡先生点点头，而小弘历则红了脸，赶紧转移话题：“别磨蹭了，我们还是赶紧去找聂先生吧。最多，最多我以后不吃了还不行吗……”

神奇秘语

帝喾有个叫简狄的妃子，外出游玩时，看到一颗玄鸟的卵。她感到非常好奇，将漂亮的鸟卵放在口中玩弄，却一不小心吞了下去。回去以后，简狄就怀孕了，生下了一个男孩，取名叫契。契，是殷商的祖先。所以，后人说“玄鸟生商”，而玄鸟，据说就是燕子。

shèn

走着走着，蓝色的透明空间开始有了界限，聂先生的梦境逐渐变成了真正的大海，我们站在岸上，看着湛蓝的海水掀起一层层波浪，不断拍打海边。

“看！有只小船！”小弘历大叫起来，“我们去乘风破浪吧！”

好主意！梦境里的海，比现实中漂亮得多，这么好的机会，不去兜兜风、冲冲浪，实在是可惜。于是，我们一边大喊：“走！走！走！”一边冲向那条小船。

泛舟海上，四周碧海银波，水天一色，让我忍不住连连感叹大自然的瑰丽壮阔，长年累月深居宫中的小弘历更是连声惊叹，拿着望远镜四处乱看。白泽一边喝可乐，一边吐槽我们：“真是没见过世面。”

忽然，小弘历指着前方，疑惑地说：“咦，那里有个小岛，岛上似乎还有庙宇。”

我和东坡先生也赶紧拿出望远镜瞭望，很快找到了小弘历说的那个岛。这个岛真的很小，孤零零地漂浮在海面上。岛上还有几间房屋，看起来的确像是庙宇。

这么小的岛，一涨潮就会被淹没，怎么还会修建庙宇呢？我们感到很疑惑。

我提出一个猜想：“会不会是海市蜃楼？”

“这就是海市蜃楼吗？我听说海市蜃楼非常壮观，这个是不是太小了点儿？”小弘历有点儿激动，又有点儿失落。

东坡先生非常肯定地说：“这不是海市蜃楼。我出任登州太守时，曾有幸目睹海市蜃楼的奇景，的确非常壮观。但海市蜃楼往往飘浮于云雾之中，可此处并无云雾……”

良

东坡先生话音未落，就看见一团云雾从小岛上缓缓升起，雾霭流转，逐渐形成一座华美的宫殿。我屏息静气地看着眼前的奇观，生怕吹口气就把它给吹散了。

“这就是海市蜃楼啊，真是太神奇了！我记得东坡先生还为此写了一首《海市诗》呢，真是文采飞扬啊！” 小弘历伸出两只大拇指，疯狂给东坡先生和眼前的海市蜃楼点赞，并且像采访大专家一样提问，“传言海市蜃楼是一种名叫蜃的怪兽吐出的气息形成的，真的是这样吗？传言还说蜃虽然长得像大蛤蜊，却并不是贝类，而是陆地上的雉鸡变的，属于龙的一种，这也是真的吗？”

东坡先生哈哈大笑：“传言蜃的父亲是蛇，母亲是鸡，出生在正月。遇到雷电，卵如果能立刻遁入土中，就能变成蛇形，二三百年升腾成龙；如果卵不能遁入土中，就会变成鸡，长大后进入海中变成贝的样子，成为蜃。”

“我们现在赶紧过去，说不定还能见到蜃的真身呢！”小弘历跃跃欲试。

我们赶紧登上小岛，果然在沙滩上发现了一只巨大的贝，想必它就是传说中的蜃了。看见我们过来，蜃赶紧合上壳，使劲一滚，就消失在了茫茫大海中。

“嘿，这家伙跑得真快。”我们在岛上转了一圈，发现岛虽小，设施却非常齐全，甚至还有一个泉眼，正汩汩地冒着清澈的泉水。我好奇地捧起来喝了一点儿，非常甘甜，不由得突发奇想：“这里打扫得这么干净，肯定有人居住，会不会是聂先生？”

我们都觉得很有可能，赶紧分头寻找，但是什么也没找到，只能遗憾地离开。

东坡先生感叹道：“这里可真是隐居的好地方啊。”

我和小弘历哈哈大笑：“可惜太安静了，不适合您。”

“哈哈，安静我倒不怕，就是怕找不到丰富的食材……”

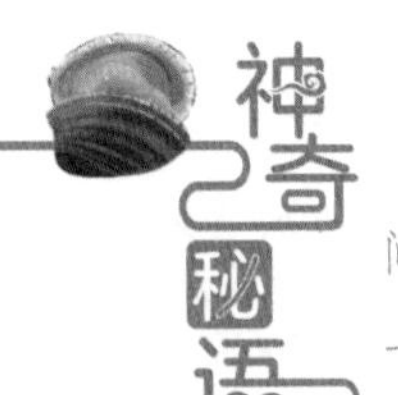

古人不了解海市蜃楼的成因，常以为那是传说中的仙境，又根据出现时间、地点的不同，称其为“海市”“山市”“鬼市”等。《聊斋志异·山市》一文就详细记载了作者观看山中海市蜃楼的情景。

珠蚌

我们发现一处美丽的沙滩，一看就很适合游泳。我立刻给自己变了一身鲨鱼图案的连体泳衣，搭配同系列的泳镜和泳帽，非常酷炫。东坡先生和小弘历跃跃欲试，让我给他们也弄一身行头。白泽不需要泳衣，但它对我的泳镜很有兴趣，自己选了一副怪兽泳镜，得意极了。

游了一会儿，我突发奇想："不如我们去潜水吧。"

说干就干，我给大家换上潜水装备。东坡先生和小弘历很快就掌握了潜水技巧，游得不亦乐乎。白泽的四条小短腿在水里乱划，却只能原地转圈，气得它索性趴在我头上，让我带着它游。

我带着白泽潜到浅海的海底，温暖的阳光透过海水，洒在色彩斑斓的珊瑚礁上，机灵的鱼群在茂密的海草中游来游去……忽然，我听见有几个小小的声音在说话。

"快一点，你们这么慢，会被采珠人抓走的！"

"都怪那些贪婪的人类，都快把我们斩尽杀绝了，害得我们只能长途跋涉搬家到别的海域，呜呜呜……"

"对，可恶的人类……"

我们好奇地游了过去，看见一群珠蚌正排着队前进。它们的外壳快速开合，借助吸入和喷出海水产生动力，让自己在海底一跳一跳地前进，还挺萌的。

我冷不丁地问道："喂，你们为什么要搬家啊？"

"啊啊啊，人类！"珠蚌吓坏了，一个个瑟瑟发抖，"求求您，不要抓我们，这片海域只剩下我们这些珠蚌了。"

我赶紧安慰它们："我不会抓你们的。有什么需要我帮忙的吗？"

珠蚌面面相觑，不知道该不该相信我。犹豫了一会儿，体形最大的那只说：“人类很喜欢我们体内的珍珠，但不知为何，这些年来采珠人特别疯狂，几乎要把我们捞光了。为了生存，我们不得不迁徙到别的海域。唉，人类都喜欢珍珠，然而对我们来说，珍珠其实是一种负担。有时候不小心吸入了寄生虫或者异物，非常难受，就会分泌珍珠质把它包裹起来，时间长了就形成了珍珠。你看，珍珠的成因一点儿也不浪漫。”

小弘历惊讶地说：“咦，莫非这是合浦珠还的故事？合浦自古盛产珍珠，合浦人世代以采珠为生，不仅辛苦，还很危险。东汉时期，贪官和商人勾结，逼迫合浦人滥采珍珠，导致珠蚌几乎灭绝。幸好来了一位叫孟尝的太守，他惩治贪官，规定珍珠的捕捞周期，慢慢地，迁徙的珠蚌又都回到了这里，人民的生活也重新安定起来，后人用‘合浦珠还’来比喻人去而复返或者物品失而复得。”

于是我安慰它们：“别害怕，你们先去别的海域躲避一下，等一位正直的官员来到这里，你们就能回来了。”

珠蚌听了高兴地说：“我们都很喜欢这片海域，如果可以，我们也不想离开。谢谢你告诉我们这个好消息。”

回到小船上，我问东坡先生和小弘历，他们的时代有没有发生过这样的事情。东坡先生笑道：“又小看我们了不是？北宋已经有人工养殖珍珠的记录，不需要采珠人付出生命代价去采集珍珠了。”

古人的智慧真是不可小觑啊！

神奇的珠蚌，把自己的苦难变成光彩夺目的珍珠，关于它们有很多有趣的故事。在希腊神话中，美神阿芙洛狄忒就是踩踏着像珍珠一样的浪花，站在一个大贝壳上，出现在众神面前的。

海带

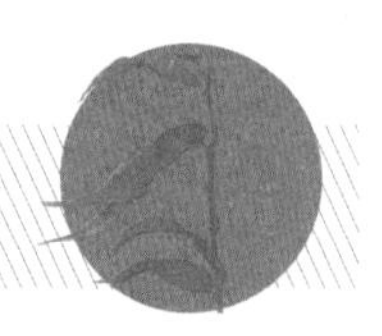

刚才还是晴空万里，转瞬间风起云涌，乌云满天。小弘历诗兴大发，闭上眼睛，表情沉醉地吟诵起来："大风起兮，云飞扬。八月秋高风怒号，卷我屋上三重茅……好冷啊，呜呜呜……"

风力陡然加大，未来的作诗狂魔被灌了一肚子风，话都说不出来了。

"风浪忽如此，吾行欲安归。挂帆却西迈，此计未为非。"东坡先生也吟了一首诗，然后说，"当初我在洪泽湖中遇到大风，船夫将船帆降下，任船只随风漂荡，等到风平浪静，才上了岸……"

"那是湖，这可是大海。"白泽感到了狂风的可畏，打断大文豪的遐想，"再说我们这小船，要是随海波漂荡，没有十万八千里，我看是停不下来的。"

"这是台风！"我猛然醒悟，惊慌地大喊，"先不要争论啦，我们得赶紧找个地方躲起来，不然会被风吹走的！"

小弘历还没意识到问题的严重性，好奇地问："台风，台风是什么风？"

"台风是产生于热带洋面上的强热带气旋，时常伴随着狂风暴雨，具有很强的破坏力……"小弘历听得一脸茫然，我急得直跳脚。

"哎呀，是台风呀！那得赶紧想办法！"东坡先生说，他在海南曾亲眼见过台风，的确很可怕，大树都能连根拔起，就我们这几个小身板儿，只怕挨不住巨浪的几下拍击。

可是能躲到哪里去呢？附近茫茫一片，连座大礁石都看不到，更别说躲避台风的地方了。

不一会儿，风已经大到让人害怕。个头儿最小的白泽趴在我背上，使劲抓住我的衣服，可一不小心，还是被风吹走了！

“白泽！”我伸出手，想要抓住它。

“皮蛋，救命啊……”白泽一边向我求救，一边努力自救，小爪子拼命挥舞，嘿，还真让它抓住了一根“救命稻草”——一株巨大的海带。

白泽使出吃奶的劲儿，四肢和尾巴使劲缠住海带，再用海带把自己包裹起来，又安全又温暖。它奶声奶气地大喊：“快，你们也像我这样！”

我们赶紧跳入海中，用海带把自己包裹起来，这才松了口气。

“你们猜我们现在像什么？”

“什么呀？”小弘历说，“我听说在朝鲜有种叫‘紫菜包饭’的美食，我们现在被海带包着，是不是有点儿像？”

果然是吃货，三句话不离本行。我摇摇头，说：“海獭。”

“海獭是什么？”

“海獭是世界上最小的海洋哺乳动物，海獭宝宝个头儿小，又怕冷。海獭妈妈出去寻找食物的时候，既担心宝宝会被海浪冲走，又担心宝宝挨冻，就想出个聪明的办法，用海带把宝宝包裹起来！真没想到，我们也体验了一把海獭的生活。”

小弘历开玩笑地说：“你这一说，我倒想起来了。传说海带是龙王的衣裳，我们掉到海里，没想到龙王爷还挺热情，把自己的衣服拿出来给我们穿！”

海带是一种可以食用的藻类，它们一般宽十几厘米，长度可达五六米。如此细长的带状物，漂荡在海水中，远远望去，真如旌旗或衣物上的带子一般。所以，人们都说它是“龙王爷的衣带”。

hān

巨蚶

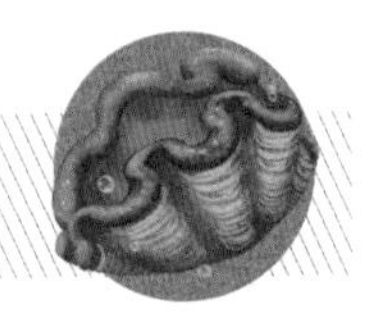

自从白泽学会了潜水，几乎整天都泡在海里，不是追逐小鱼，就是吓唬海龟，都快成海底一霸了。

但这家伙潜下去的时间是不是太长了？我明明跟它说过，最多一个小时就得上岸休息一段时间，可现在白泽已经快两个小时没露头了。

我有点儿担心，赶紧找东坡先生和小弘历商量。我想自己去找白泽，但是他们坚持一起去，这样彼此有个照应。

找遍了附近的海域，也没有找到白泽，于是我们更加担心了。我急得东张西望，忽然看到旁边有一个比我还高的巨大的贝壳，不由得脱口而出："这家伙不会躲在这个大贝壳里面，和我们玩藏猫猫吧？"

我只是开个玩笑，谁知大贝壳竟然不高兴地说："我可不是普通的贝壳，请叫我贝壳之王！"

"贝壳之王是什么东西？"我纳闷儿地问。

东坡先生说："看起来像是书中记载的砗磲（chē qú）。"

"原来这就是砗磲啊？我奶奶有一串砗磲做的项链，像玉石一样，可漂亮了！"可是眼前的这个大贝壳表面非常粗糙，有一道道像车轮碾轧后留下的沟槽，还有很多附着物，看起来并不好看，怎么能做出那么漂亮的项链呢？我有点儿疑惑。

“只要耐心打磨，粗糙的材质也能变成漂亮的宝珠。”

听到东坡先生说“打磨”，砗磲吓坏了，张开外壳大叫：“你们也是来抓我的吗？”

趁着砗磲张开外壳，一只毛茸茸的小爪子从里面伸了出来，紧接着是一个毛茸茸的小脑袋，然后是白泽虚弱的小奶音：“救命……”

白泽竟然真的在里面！我正想拉它出来，砗磲已经警惕地合上了外壳，还威胁我们：“你们要是抓我，我就吃了它！”

我们赶紧解释，我们只是路过，不是来抓它的。东坡先生问砗磲，是谁想抓它。砗磲回答道：“是一只海龟告诉我，有很多人在找我，想将我献给一个叫纣王的人，求他释放姬昌。”

纣王？姬昌？听着怎么像《封神榜》的故事呢？

东坡先生说：“周文王姬昌被商纣王囚禁，散宜生献上许多珍宝想要换回文王，其中就有砗磲。纣王很喜欢砗磲，就立刻释放了文王，后来的事大家都知道了。”

砗磲吓得瑟瑟发抖。

小弘历安慰它：“你别担心，新鲜的砗磲不能制成饰品，只有被掩埋多年的砗磲化石才可以。”

“真的吗？”砗磲可怜巴巴地看着我们。在得到肯定的回答后，它高兴极了，张开外壳把白泽“吐”了出来。这时我才看到，砗磲外表粗糙，壳内却非常光滑，颜色也很美，还散发着珍珠般的光泽，难怪它跟珍珠、珊瑚、琥珀一起被称为四大有机宝石。

在砗磲的“嘴”里待了这么久，白泽被恶心坏了，头也不回地游走了。

我们主动提出，如果砗磲愿意，我们会帮它迁徙到更深的海底。但是砗磲说，它们对环境要求很高，只能生活在盐度和水温都非常适合的环境中，如果搬到别的地方，它不知道自己能不能适应。它说：“谢谢你们的好意，但这里有很多我的老朋友，我不想离开它们。而且我已经一百岁了，也许很快就会离开这个世界，变成你说的化石。那时候，被人类当成宝石也挺好的。”

砗磲死亡后，随着地壳运动沉入深深的海底。随着时光的流逝，大量沉积物和火山灰沉降在砗磲表面附着的珊瑚礁上，形成一层厚厚的珊瑚岩，被漫长的岁月磨砺成为珍贵的有机宝石。

沧海桑田，千百万年后这些砗磲宝石随着地壳造山运动浮出海面，在喜马拉雅山上被人们发现。

牡蛎

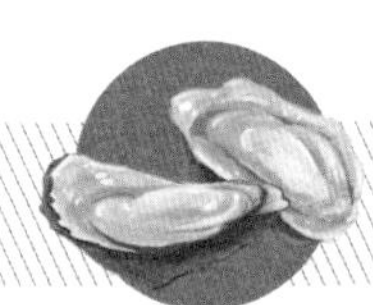

经过这段时间的相处，我认识了一个乐观、风趣、豁达的东坡先生。

失宠了，被贬到偏远贫困的地方，也不自怨自艾。

买不起羊肉，没事儿，羊骨头烹饪一下也很好吃，顺便发明了一道名菜——羊蝎子。

羊骨头也没有了，没事儿，被达官贵人嫌弃的猪肉也很好吃，顺便发明了东坡肉。

猪肉也吃不起了，没事儿，白菜萝卜粥也很美味，“大难不死，必有锅粥”。

失业了没钱，没事儿，自己开垦一块坡地种粮食蔬菜，顺便给自己取了个名号叫东坡居士。

被贬的地方实在太远了，在海南，也没事儿，东坡先生就自己去捡没人要的生蚝，还独创美食——烤生蚝。海南的生蚝遍地都是，东坡先生居然吃上了瘾，还写信给儿子介绍了生蚝的两种吃法：吃法一，把肉剥出来和酒一起煮，非常美味；吃法二，选大个的生蚝烤着吃，比吃法一还要美味。最好玩的是，他还叮嘱儿子：“你可千万不能把这种美味告诉别人，不然那些北方人可能会来跟我抢。”

“哈哈哈，东坡先生您可真是太逗了。用我们那儿流行的说法就是，您的生活中永远充满了诗和远方。”我由衷地佩服东坡先生，多希望自己也能像他那样，遇到困难也不气馁呀！

不过嘛，我也很喜欢吃生蚝。生蚝搭配蒜蓉和粉丝，不管是蒸着吃还是烤着吃，都超级棒的。我和东坡先生热火朝天地讨论起生蚝的不同吃法，听得小弘历羡慕不已，小声嘀咕：“我还没吃过生蚝呢，哼，等我当了皇帝……”

我一听就知道，这家伙肯定又在琢磨他的江南游了。突然，我想到了一些有趣的事儿："嘿嘿，你还别说，古代有两个外国皇帝就特别爱吃生蚝，一个是罗马帝国的恺撒大帝，传说他远征英格兰就是为了抢夺泰晤士河畔肥美的生蚝；还有一个是法兰西第一帝国的皇帝拿破仑，也是生蚝界的超级发烧友。"

"生蚝也叫牡蛎，它的营养价值很高，含有人体必需的多种矿物质和微量元素，而且脂肪含量很低，不仅美味，还非常健康。人类食用生蚝的历史可以追溯到公元前。在古希腊神话中，生蚝被称为'神赐魔食'；在罗马帝国时期，生蚝是贵族奢华宴席上不可或缺的美食，被誉为'海中牛奶'。我们吃的生蚝都是人工养殖的，个头儿大，产量高，运输也方便，就算不住在海边，也能随时吃到新鲜的生蚝。真是旧时王谢堂前燕，飞入寻常百姓家啊。"

科普完毕，为了激励小弘历，我语重心长地说："小弘历啊小弘历，别忘记你说过的话，以后要努力发展教育和科技，让老百姓过上好日子。你要记得，不忘初心，方得始终。"

小弘历一巴掌拍在我肩上，没好气儿地说："小屁孩还来教训我……我知道，你是想告诉我后面这句，初心易得，始终难守，对吧？放心吧，我会记得的。"

想多了，我自己都不知道后面还有这一句。但我是不会告诉他的，嘿嘿。

神奇秘语

古人认为牡蛎是由海水中的泡沫，接触世间阳气变化出来的。阳气初凝，只是斑白、隐约的痕迹；凝结得多了，才能生长成有壳有肉的大牡蛎。福建的渔民，常常把竹竿放入海水中，使竿上生出牡蛎种，然后再移入养分多的水中，这样就能得到个头儿大、肉质肥嫩的牡蛎了。

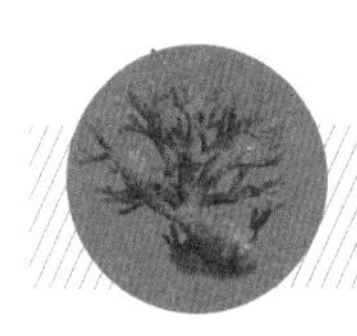

珊瑚

为了显摆自己豪华的皇家马车，小弘历绞尽脑汁复制了一辆，兴冲冲地邀请我们乘坐。马车的确挺豪华的，但因为没有橡胶轮胎和减震系统，坐起来有点儿颠簸，速度也比骑车慢得多。我悄悄嘀咕：还是现代交通工具好，又快又舒服。

小弘历小声嘀咕："还是骑马好，又快又舒服。要不是为了让你们开眼界，我才不受这罪呢。"

骑马？好主意！我正想号召大家一起骑马，一件意想不到的事情发生了——我们在古代堵车了！

数十辆牛车把前面的道路堵得水泄不通，每辆车上都跳下来几个衣着华丽的青年，每两人一组，小心翼翼地抬着一株株高大的珊瑚。我数了数，有十几株，每株至少有一米多高，最高的有两米，颜色也很漂亮，一看就知道非常珍贵。

小弘历也惊呆了，喃喃道："这么漂亮的珊瑚，我都没有见过……不行，我一定得知道它们的主人是谁……"

我们换上跟那些青年一样的华服，"变"出一株珊瑚树，跟着他们混进一座富丽堂皇的豪宅。来到大厅外，领头的人让我们停下来等待指令。

原来这身漂亮衣服竟是仆人的制服啊……

金碧辉煌的大厅中间，两个看起来很有气势的大叔席地而坐。大叔甲炫耀自己一株半米多高的珊瑚树，大叔乙人狠话不多，拿出一把铁如意就把珊瑚树敲得粉碎，招手让我们出场。

看着这些珊瑚树，大叔甲又震惊，又气馁。

小弘历也很震惊，"我知道'富比石崇'这个成语，但我万万没想到，有朝一

日能目睹他的斗富现场……”

大家已经猜到了，大叔甲是晋武帝皇后的哥哥王恺，大叔乙就是著名的土豪石崇，两人在斗富界是有名的死对头。为了胜过石崇，王恺不得不向晋武帝求助，武帝借给他一株半米高的珊瑚，以为能狠狠地打脸石崇，谁知石崇随随便便就拿出十几株更珍贵的珊瑚。这次斗富，让王恺彻底心灰意冷。

东坡先生摇头叹息：“唉！皇亲富豪之间的争强斗气，背后都是老百姓无穷无尽的苦难和血泪呀！别看这珊瑚漂亮，采集起来极为困难，渔民要把铁网沉到水底，让珊瑚穿过铁网的孔生长，等珊瑚生长一段时间，再将铁网连着珊瑚一起拖上来。把这么大的珊瑚，完好无损地从深海拖上船，运上岸，也不知道要花费多少人力物力，有多少人为它们丧身波涛之中，落得家破人亡……”

“无所不知的白泽大人，珊瑚究竟是怎么形成的呢？”小弘历虚心请教。

白泽解释道：“珊瑚其实是珊瑚虫的尸体。珊瑚虫只有米粒那么大，长年累月堆积起来，就形成了珊瑚礁。珊瑚礁不仅美丽，还是很多海洋生物的家，如果珊瑚礁死了，这些海洋生物也就无家可归了。”

我们正在感慨，忽然有人冲我们吼道：“喂，说你们呢，不许偷懒，好好干活！”

糟了，被发现了，怎么办？哈哈，当然是三十六计，走为上策了！

神奇秘语

珊瑚拥有美丽的外表，世界上很多地方的人都认为它们拥有神奇的魔力。在古代，中国人认为珊瑚象征富贵祥瑞，就把它们做成朝珠和饰物。在中东地区，人们认为珊瑚具有阻止恶灵的魔力，便将其做成护身符。古罗马人则在出海航行的时候，将珊瑚佩戴在身上，祈求一帆风顺，旅途平安。

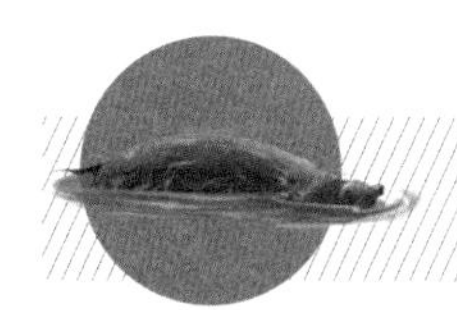

yuán

鼋

一条湍急的大河拦住了我们，我像之前一样，打算用意念“造船”。奇怪的是，有一种无形的力量在阻止我，而且离河越近，这股力量就越强。

白泽惊喜地说：“这是聂先生的梦境，只有他的意念才能限制你，这说明我们离他越来越近了！”

我们决定顺着河边走，寻找船只和桥梁。走着走着，我们遇到了一支强壮威武的军队，为首的大将军骑在马上，面对河流，愁眉不展。

旁边一个军官说：“此处鼋和鼍（tuó）的数量极多，何不让士兵捕杀它们，用它们的尸体堆叠在河中架桥？”

鼋和鼍是什么？白泽及时为我解惑：“鼋是鳖类中最大的一种，力气非常大。鼍就是扬子鳄。西周时，周穆王东征到现在的江西九江，被江水拦住去路，就下令捕杀它们，用尸体架桥，这就是鼋鼍为梁这个成语的来源。”

这么说，那个大将军就是周穆王？这么不靠谱的建议，他竟然同意了？眼看那些可怜的动物就要遭遇灭顶之灾，我顾不得多想，跑过去大喊：“且慢！我有办法！”

我们四个竭尽全力，终于用意念造出了一座桥，让周穆王的军队顺利渡河。士兵激动得大喊：“天子，这几位一定是上天派来助您东征的！”

拯救了这么多动物，我们都觉得自己帅呆了。然而乐极生悲，就在我们也要过河的时候，桥消失了。白泽说，这是因为我们的意念受到了限制。

这时，河水翻涌起波澜，风平浪静之后，一座“桥”凭空出现在河上。仔细一看，原来是很多鼋和鼍用自己的身体搭建的一座浮桥。它们欢快地说：“谢谢你们！

要过河的时候，只要喊一声，我们随叫随到。”

一只看起来有两三米长的老鼋叹息道：“在神话中，我们鼋族乃万龟之祖。鼋字由元字加龟字构成，意思就是最早的龟类。可是没想到，有朝一日我们会遭到人类的屠戮。我听说商纣王和他的史官般射杀了一只大鼋，还把它死去的样子做成青铜器赏给般，这个同胞真是太可怜了……”

另一只大鼋乐观地说：“人类也有讲道理的。我曾救过一个叫朱元璋的人，背着他渡过鄱阳湖，摆脱了追兵。后来他当了皇帝，没有忘记这件事，不仅封我当了鼋将军，还给我修建了庙宇，立了石碑呢！”

我实在不忍心告诉它们，在我生活的时代，由于人类的大量捕杀，鼋已经快要灭绝了。好在已经建立起了鼋自然保护区，希望它们能够继续生存下去。

“《西游记》唐僧过通天河的时候，驮他的不就是一只老鼋吗？我今天也可以

来个角色扮演了，这不正好还有仨徒弟嘛……”我满怀期待地看向三个小伙伴，却发现他们已经兴高采烈地踏着鼋鼍桥过河去了，于是也赶紧追了上去，“喂喂喂！徒弟们你们怎么走了，等等我啊……”

神奇秘语

相传，有一次朱元璋被陈友谅打败，只身逃到鄱阳湖边，却发现没有渡船。眼看追兵就要到了，他焦急万分，正好一只大癞头鼋从水中冒出来。朱元璋大喊：“你若能渡我离开，将来我封你做将军！”鼋似乎听懂了，游到岸边，让朱元璋跳上自己的背，驮着他逃离险境。后来，朱元璋做了皇帝，果然兑现承诺，让人在湖边建庙，祭祀鼋将军。

鼍

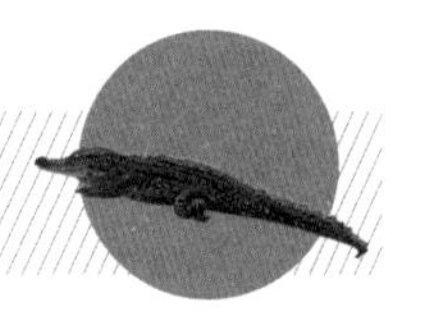

鼍是跟恐龙同时代的古老动物，是中国的“特产”，因为生活在长江流域而得名。尽管我知道它们是世界上最小的鳄鱼之一，个头儿小，胆子也小，但踩在鳄鱼的背上过河，还是有点儿怕怕的。

咦，这只红色的鳄鱼很面熟啊，长得跟卤菜大王简直一模一样。

红鳄鱼热情地冲我们挥舞小短手：“小伙伴们，别来无恙啊？”

“卤菜大王！你怎么会在这里？”我惊喜地跳到它背上，拍拍它的红脑袋。

“我听说聂先生可能在这边，就来了。”卤菜大王笑嘻嘻地介绍它的新朋友，“它叫阿团，是我的好朋友。”

阿团躲在卤菜大王背后，害羞地跟我们打招呼。

小弘历围着阿团看了又看，惊奇地说：“它看起来萌萌的，好像没传说中那么厉害呀？”

“传说中它有什么本事？”我好奇地问。

“据记载，福建发生过一件怪异的事情。一个名叫祝建如的男子乘船渡江，船到江心的时候，一头小怪兽跃出水面，跳到江边的礁石上。怪兽全身覆盖着黑色的鳞甲，长着四只利爪和长长的尾巴，额头上有个小小的角，宽嘴巴，圆眼睛，大鼻头上散布几根硬硬的胡须，一晃动身体就山摇地动。祝建如吓得瑟瑟发抖，刚要喊叫，渔夫连忙捂住他的嘴，叮嘱他装作什么都没看见。祝建如照着渔夫的吩咐，忍着不发声，战战兢兢地到了江的对岸。渔夫长出一口气，说：‘这就是鼍呀，如果它受到惊吓，就会跳入水中，掀起风浪，那样我们就危险了！’”

“这小家伙有那么大的本事？”我有点儿不信。

“在神话传说中，鼍也叫猪婆龙，是龙和蛟的儿子。据说它们的声音像鼓一样响亮，吐出的气息能形成雾和雨，力气非常大，擅长在岸边挖洞筑巢。不过我看这个小家伙也不像会兴风作浪的样子啊！”小弘历纳闷儿地说。

阿团不好意思地说：“那只是传说罢了。其实，除了挖洞，别的我什么都不会。我们喜欢安静，白天在洞里睡觉，晚上出去觅食。而且，我们嘴巴小，牙齿也不锋利，不能撕咬和咀嚼，只能把猎物夹住后囫囵吞下，所以只能吃点小鱼、贝壳、螺蛳、青蛙什么的。”

白泽悄悄告诉我：“它们每天都在睡觉，活动时间不超过四个小时。”

吃螺蛳的鳄鱼……我好像明白了，扬子鳄为什么会成为濒危物种。

“人们说我们会带来水灾，要捕杀我们，可我们是冤枉的。”阿团委屈极了。

白泽说：“洪水的形成跟你们没关系，但你们喜欢挖洞，如果在江堤上挖了洞，就可能会引起江堤的崩溃。”

“原来，水灾跟我们真的有关系啊。”阿团有点儿难过。

我赶紧安慰它：“但这不怪你们啊，你们又不知道江堤是干吗的，而且你们也是水灾的受害者。”

卤菜大王决定留下来跟新朋友们一起生活。我问它：“你不想找聂先生问个究竟了吗？”

“嘿，我有这么多好朋友，还纠结这些小问题干吗。海内存知己，天涯若比邻，不要太想我哦。”它挥挥小短手，快快乐乐地跟我们告别。

扬子鳄是一种古老的动物，有1.5亿多年的进化史，在它们身上能看到很多早先恐龙类爬行动物的特征，所以人们将其称为“活化石”。由于环境变化，生活在长江流域的扬子鳄数量非常稀少，一度濒临灭绝，所以国家将其列为“一级保护动物”。

玳瑁

东坡先生跟我们说起他小时候的趣事。“我老家在四川眉山，城外有一条江叫岷江，因其江水清澈，波流澄莹，故而也叫玻璃江，小时候我们经常去江边玩耍。我还曾写诗赠给友人，‘相望六十里，共饮玻璃江’。”

“北宋的时候就有玻璃吗？”我好奇地问。

“当然有了，中国的玻璃发展史已经有两千多年，已经发现的玻璃制品最早可以追溯到春秋时期，著名的越王勾践剑上面就镶嵌了浅蓝色玻璃。”白泽丢给我一个“你真是少见多怪”的眼神。

“我家里有好多玻璃器，盘子、瓶子、镜子、窗子……我最喜欢的是玻璃窗，看上去宽敞又明亮。嘿嘿，给你们看我最喜欢的玻璃杯。”

小弘历用意念复制了玻璃杯，但跟上次的火铳一样，玻璃杯没能出现在他手里，而是砸在了一只正好路过此地的大海龟脑袋上。大海龟慢吞吞地看了看“凶器”，张开嘴一口吞掉了。

“铁嘴钢牙呀！”小弘历惊呆了。

我也急得直跳脚：“快吐出来，快吐出来！这是玻璃，消化不了，你会死的！”我看过很多解救海龟的视频，那些大海龟就是因为误食了塑料制品、橡胶、玻璃等，被折磨得生不如死。我可不想眼前这只大海龟，因为我们的过错而遭受那样的痛苦。

可是，大海龟却淡定地说：“吓唬谁呢，不就是个玻璃杯子嘛，在我们玳瑁眼中，这不算什么。我们不仅能吃玻璃，连有毒的水母、海葵都能吃，想不到吧！”

这是真正的吃货啊！等等，它说自己是玳瑁？我爷爷有一副玳瑁眼镜，难道就是……我好奇地摸了摸它的壳。玳瑁警惕地看着我，问：“你干吗？我警告你啊，

我的肉有毒，吃了你会死的。”

白泽奶声奶气地吓唬它：“有传言说，玳瑁的甲片被取下一部分后，还能复原。被取走的甲片拥有分辨毒素的功能，把它系在手臂上，如果食物和饮料有毒，甲片就会剧烈震动，发出警示。要不我们试一试？”

玳瑁的甲片还有这种功能？我们不约而同地看向它。

“你、你们看我干吗？这都是人类瞎说的！”玳瑁生气地冲我们咧嘴。

“在南方沿海地区有个风俗，每当有新官上任，渔民就会捕捉一两只小玳瑁送给这位官员，当作接风洗尘的礼物。”白泽继续吓唬玳瑁，还冲它做鬼脸。

我的心累极了，真担心白泽会被玳瑁一口吞掉。

可怜的玳瑁显然被吓住了，顾不上跟白泽生气，赶紧落荒而逃。

我好奇地问白泽，为什么要吓唬玳瑁。白泽“哼”了一声，小声嘀咕：“还不是因为旋龟那家伙，以前经常吓唬我，所以我看见龟类就生气，玳瑁的嘴巴长得跟它还特别像……”

旋龟？是《山海经》里那只旋龟吗？我追着白泽问，但它怎么也不肯回答。这家伙和旋龟之间到底有什么样的恩怨呢？

神奇秘语

玳瑁算得上海中最无畏的吃货之一，它们食谱上的食物要么就是含有剧毒，如海葵、海绵、水母等，要么就是坚硬难啃，如虾蟹和贝类。它们的嘴非常有力，可以把贝壳咬得粉碎；它们的胃里有专门消化这些硬物的胃液，这些胃液连玻璃都能溶化掉。

鹰嘴龟

说旋龟，旋龟到。

虽然眼前这只龟跟我以前在《山海经》里见过的旋龟不太像，但从白泽的小眼神里可以判断，肯定是它。

果然，旋龟一见到白泽，就冲过来噼里啪啦地一顿说："啪——白泽，老伙计，真的是你啊？啪——你在这儿干吗？啪——我找貘那家伙说了好久，它才同意帮忙让我来的。啪——你怎么不说话？我是旋龟啊！"

"你啪、啪、啪个没完，别人哪有开口的机会！"

趁着白泽和它拌嘴，我仔细打量。旋龟的脖子长，嘴巴像鹰嘴一样，嘴里有尖利的牙齿。红眼睛，脑袋和背甲是杏黄色的，黑色的四肢，和蛇一样的长尾巴上有着鱼鳞般的纹路。最奇特的是，它的腹甲和背甲跟别的龟类正好是相反的，腹部的壳比较大，背甲又小又平，看起来就像是一只乌龟被翻了个肚朝天。

“为什么你每句话都要说个‘啪’字呢？”小弘历很好奇旋龟的讲话风格。

白泽哈哈大笑：“听起来是不是很像木头裂开的声音？天生就长着这副嗓子，也难为它啦！”

“啪——你长了几千年，还是这么个小不点儿，啪——不比我还难嘛！”

“我早就长大了，是故意变成这么小的。变大很容易，变小可就难了。不信你试试，你能变小吗？”

“这有什么难的，你等着瞧！” 旋龟尝试用意念把自己变小，但试了几次，都以失败告终，只能不甘心地说，“我还不适应这梦境，等适应了就变小！”

白泽得意地笑了笑。其实，我们都知道原因——离聂先生越近，意念越会被制约，但旋龟还不知道。这对它来说有点儿不公平，为了表示歉意，我变出一堆可乐、零食给它吃喝。白泽和小弘历也都拿出好吃的，热忱地交流起美食来。

旋龟到底是什么龟？现实中有没有原型？

我很快利用网络找到了答案：旋龟就是平胸龟，也叫鹰嘴龟。脑袋大，身体还特别扁平，脑袋根本不能缩回去。它还长着一条像蛇一样、几乎跟自己身体一样长的长尾巴，看上去有点儿呆萌。

然而安静没多久，两位神兽又因为“谁在神兽界咖位更高”这个问题开始争吵，友谊的小船说翻就翻。

白泽说：“我不仅通晓古今万物，还能驱邪，是象征吉祥的祥瑞之兽。当年，就连黄帝都来求我帮忙制作鬼神图鉴呢！”

“啪——这算什么，不就是编一本书吗？我还是大禹治水的功臣呢！啪——是我驮着息壤，一直跟在大禹身后，大禹才能够心无旁骛地用息壤堵住洪水。”旋龟不甘示弱地说。

两只神兽吵得昏天黑地，也没分出胜负，忽然把视线转向我们。当这种裁判可是受累不讨好的活儿，狡猾的小弘历噌地一下跳到东坡先生身边，请教起诗词知识，把我一个人丢在那儿。

“说！我们两个谁更厉害！”

“谁更厉害……”面对逼问，我灵机一动，立刻发动甩锅大法，“不如咱们一起去找聂先生，让他为你们评判一下？”

“好，就这么决定了！”旋龟大声说，“啪——正好，我要去找他。啪——《海错图》里的画像跟我一点儿都不像，我得让他改得，啪——更帅气一些！”

就这样，我们的团队多了一位新朋友——旋龟。

神奇秘语

旋龟是《山海经》中记载的一种生物，产于怪水。其体貌与普通的乌龟类似，但身躯为红黑色，长着鸟的头、毒蛇的尾巴。它们的叫声像剖开木头的声音，将它们的硬壳制成饰品，佩戴在身上，可以治疗耳聋，据说还能避免脚底生老茧。

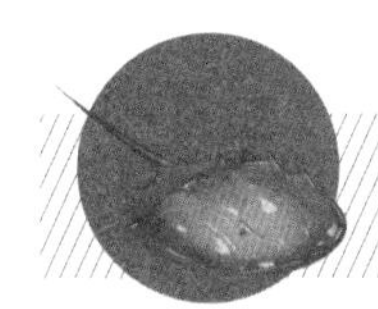

hòu
鲎

根据旋龟感应到的方向，我们一路向南，来到一片海滩，正好看见日落。金色的太阳悬浮在海平面和绚丽的晚霞之间，像一个耀眼的火球正缓缓沉入海中，壮丽极了。

“快看，海滩上那是什么！”小弘历忽然大喊起来。

“是鲎！”我早就在海洋馆的水族箱里见过它们，立刻认了出来。

只见成千上万只鲎密密麻麻地排列在沙滩上，在夕阳的照耀下，它们的身躯闪烁着青铜般的光芒，看上去俨然是一支庞大的机甲战士部队。当初在海洋馆里，我就觉得它们太酷了，太科幻了，所以专门查询过相关的资料。

鲎，又叫马蹄蟹，是世界上最古老的生物之一，最早出现在四亿多年前的奥陶纪，跟已经灭绝的三叶虫是亲戚，比恐龙还要早两亿年。跟鲎同时代的生物，要么灭绝，要么进化，只有它不仅存活至今，而且外形也没有什么改变，被人们称为“活化石”。

“为什么会有这么多鲎，聚集在沙滩上，难道它们在开派对吗？”小弘历脑洞大开，“不如我们也加入它们吧！”

“它们这是在产卵！”我继续科普，“鲎会将卵产在沙子里面，产卵结束之后，它们就会趁着夜色回到海中。”

“这么说，沙滩上的都是鲎妈妈呀！”

“错啦！”白泽说，“如果走近了，你就能发现，那些鲎其实是雌雄叠在一起的。它们可是海上的模范夫妻，雄鲎和雌鲎一旦‘结婚’就不会分开。”

东坡先生接着说：“我也听渔民唱过：捉孤鲎，衰到老。就是说，鲎非常恩爱，一只被捉了，另一只就会孤独终老。所以，捉它们是很残忍的事情，要撞衰运的。”

"可是人们还是会捉它们。"白泽叹息道,"人类说鲎的血是蓝色的,可以治病。"

"蓝色的血,这是为何呢?" 东坡先生虚心地问。

我查找资料,解释道:"鲎的血液中含有铜离子,铜遇见氧气产生氧化反应就变成蓝色。不过鲎血能治病,倒不是假的。科学家发现鲎的血液可以做成医用试剂,用来检测药物里面有没有细菌。据说,为了制作这种试剂,每年有50万只鲎被带进实验室'献血',采血完成后大约五分之一的鲎会死掉。活下来的那些,即便被放回海洋,也会变得虚弱,容易遭到捕食者的猎杀。"

听了我的话,大家都忍不住感叹起来:"存在了几亿年的鲎,居然快要被人类赶尽杀绝了……"

"我们能不能帮帮它们呢?"小弘历难过地说。

"怎么帮啊?"白泽皱着眉头抱怨,"你们人类总觉得什么都能吃,而且吃了还治病,简直不可理喻。"

"我们可以找到聂先生,请他在《海错图》里告诉大家,不要伤害鲎,更不要将它们当成食物——其实,鲎本来就不好吃,而且吃多了还会中毒。"

"啪——我们现在就立即出发吧,啪——我能感受到聂先生就在附近了!"

神奇秘语

"一片鲎鱼壳,其中生翠波。"这是唐代诗人皮日休的诗句,其中的"生翠波"就是指鲎的蓝色血液。地球上的动物血液大多是红色的,是因为红色血液中运输氧气的蛋白含有铁元素,铁元素与氧气结合就呈现红色。而章鱼和鲎运输氧气的蛋白含有铜元素,铜元素与氧气结合呈现蓝色。

生活中,游泳池的水呈现浅蓝色,其实就是使用硫酸铜消毒的原因。

结 语

我们来到一个丁字路口，神兽说两条路都能感应到聂先生的意念，为什么会这样呢？我们都很疑惑。

小弘历猜测："或许这是聂先生给我们的考验，看看我们值不值得见！"

"老夫对《周易》略知一二，不知能否派得上用场。"东坡先生跃跃欲试。

我犹豫了一下，说："咱们分成两组，一组走一边，不就解决了吗？"

东坡先生哈哈大笑："还是皮蛋小朋友聪明，我把事情想得太复杂了，却忽略了最简单、最直接的方法。"

我和白泽一组，东坡先生、小弘历和旋龟一组，分别按自己的直觉选了一条路。我和白泽沿着小路来到一个农家小院，院子里有几个小朋友围着一位先生叽叽喳喳地聊天。

"聂先生，上次您说的蛇，我爹出海带了些回来，按照您教的办法，果然就没有化成水，还卖了一个好价钱呢！"

"聂先生，您让我写的两篇大字，我都写好了。这些果子是我爹娘让我给您带来的。"

"聂先生，您什么时候教我们画画呀？我也想像您这样，把自己喜欢的东西画下来。"

"聂先生……"

我们选对了，这是聂先生没错了！我兴奋地跑进院子里，大喊："聂先生，可算是找到您了！"

白泽也很激动，但它毕竟是神兽，要矜持。

这时，东坡先生他们也兴奋地走了进来，我们都很吃惊，齐声说：“你们不是走另一条路了吗？怎么也来到这里了？”

聂先生笑道：“或许这就是殊途同归吧。”

白泽想了一下，恍然大悟道：“我明白了，其实只有一条路，这都是您用意念设置的障眼法。”

“没错。”聂先生点头微笑。

小弘历问：“如果我们只选了其中一条路，结果会怎样？”

聂先生哈哈大笑，说：“当然是跟现在一样，也能在这里找到我。”

“那您设置这个障眼法有什么意义呢？”

聂先生犀利地反问：“我辛辛苦苦数十载，耗费无数心血，终于完成了《海错图》，却被人抢走献给皇帝，那么我写这本书，又有什么意义呢？”

小弘历大吃一惊：“您不愿意把这本书献给皇家吗？我们可都非常喜欢它。”

“不愿意。”聂先生摇头苦笑，“我喜欢海洋生物，但是找不到这方面的书籍可以参考学习，因此编纂此书，希望能为同样喜欢海洋生物的人提供一些帮助。此书一旦进入皇家书库，就只有皇亲国戚才能阅读了，这不是我想要的。”

小弘历羞愧地说：“我明白了，回去以后，我会说服皇玛法，把《海错图》还给您。”

聂先生想了想，说：“不如你建议他，将此书印刷发行，让更多的人了解海洋和海洋生物，可以吗？”

“当然可以！”小弘历忙着点头。

我忽然觉得有点儿好奇，“聂先生，您好像知道我们是谁，还能掌控梦境？貘明明说过，人类在梦中，是不知道自己在做梦的……”

聂先生狡黠地笑着说：“你也是人类，你是怎么做到的呢？”

我灵光一闪，大叫：“啊，是貘对不对？”

一道闪光之后，貘突然出现在我们面前，得意地说：“没错，就是我，惊不惊喜？意不意外？”

我讷讷地说：“挺意外的……”

“好了，任务完成了，你们也该回去了。”貘像赶苍蝇一样挥挥手。

我大声抗议：“可我还没跟聂先生一起游历呢！”

“你有，只是你没发现。”聂先生顽皮地告诉我，其实他一直以不同的面貌和形态跟着我们，鱼，鸟，大树，城墙上的砖，路人甲……“这是我的梦境，我无处不在。”

真没想到，聂先生竟然是个角色扮演的终极爱好者，这角色扮演简直太厉害了！

这次，貘不等我提出抗议，就直接把我踢出了梦境。醒来后，我猛地跳了起来，大喊：“我还没跟小弘历和东坡先生告别呢！”

“小弘历？苏东坡？皮澹同学你没事吧？”

啥？我怎么在教室里！为什么大家都看着我？天哪，进入梦境前我不是在家里吗？为什么我会在教室里醒来？我脑子里一片混乱。

语文老师则忙着给我老爸打电话：“皮澹爸爸，完了完了，皮澹同学的幻想症更严重了……”

这究竟是梦境，还是现实呢？

海错档案

名称：鲈鱼
类别：鱼类
特征：巨口细鳞而黑斑，背微青

名称：鱼虎
类别：鱼类
特征：背皮似猬，能刺人

名称：鲻鱼
类别：鱼类
特征：眼睛外圈有白色，腹背丰腴

名称：河豚
类别：鱼类
特征：内脏有剧毒

名称：刀鱼（鲨鱼）
类别：鱼类
特征：身体狭长，光泽如银

海错档案

名称：海鲟鱼（石斑鱼）
类别：鱼类
特征：身上有黄点儿，有带剧毒的刺

名称：鹅毛鱼（飞鱼）
类别：鱼类
特征：形体狭长，背青腹白，能在水面滑翔

名称：印鱼
类别：鱼类
特征：头上有吸盘

名称：鲥鱼
类别：鱼类
特征：腹白背绿，有洄游现象

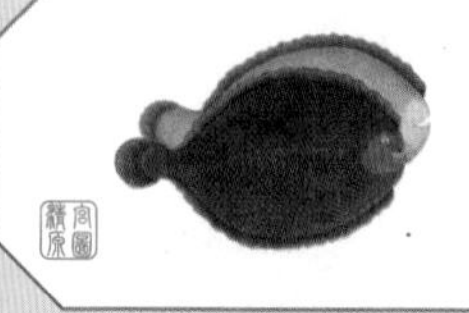

名称：比目鱼
类别：鱼类
特征：身体不对称，眼睛长在同侧

海错档案

名称：井鱼（鲸鱼）

类别：哺乳类

特征：体形硕大

名称：带鱼

类别：鱼类

特征：身体狭长，性情凶猛

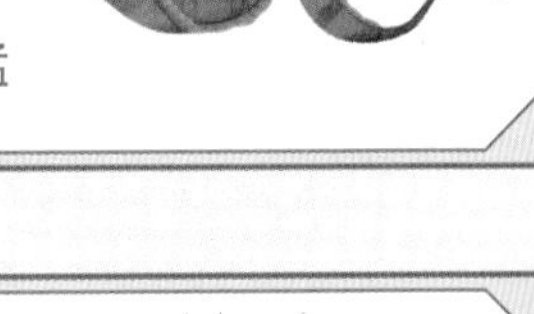

名称：跳鱼（弹涂鱼）

类别：鱼类

特征：眼睛凸出，腹鳍发达，可以跳跃

名称：蛟

类别：传说动物

特征：似龙而无角，能飞

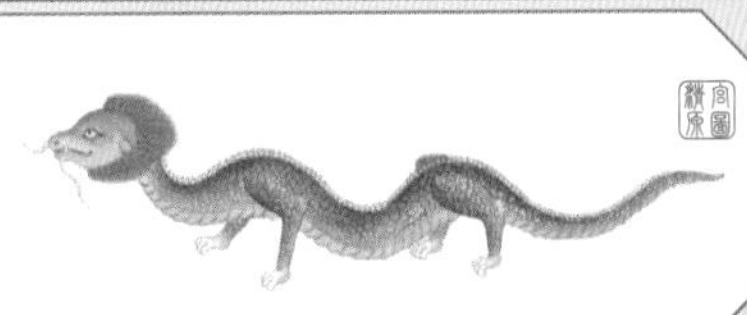

名称：神龙

类别：传说动物

特征：头上有角，能腾云驾雾，兴风布雨

海错档案

名称：人鱼

类别：传说生物

特征：形体如人，背上有翅

名称：鳄鱼

类别：爬行类

特征：身披鳞甲，嘴巴巨大

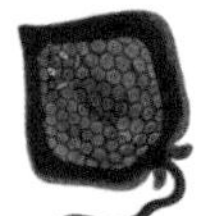

名称：锦魟

类别：鱼类

特征：背上有黄点，斑驳如织锦

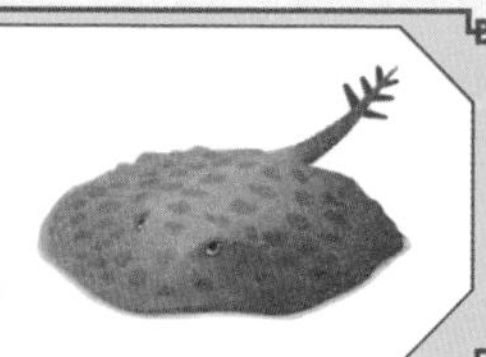

名称：龙门撞（鲟鱼）

类别：鱼类

特征：背上黑白相间，有洄游现象

名称：虎鲨

类别：传说动物

特征：虎头鳖足，能变化成老虎

海错档案

名称：海豘（江豚）
类别：哺乳类
特征：形体丰腴，类似木柝

名称：海狗（皮毛海狮）
类别：哺乳类
特征：长相似狗，善于游泳

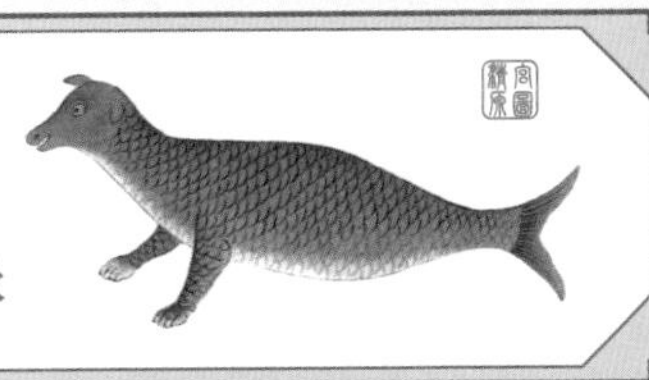

名称：潜牛
类别：传说动物
特征：形体似牛，可以出水

名称：海马
类别：传说动物
特征：与马类似，可以在波浪中奔行

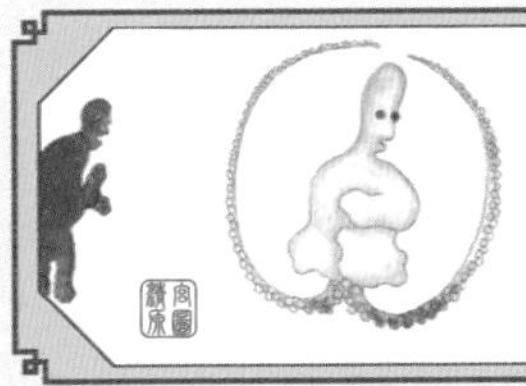

名称：海和尚（棱皮龟）
类别：爬行类
特征：体形硕大，脑袋类似人

海错档案

名称：海参
类别：软体动物
特征：圆筒形，行动缓慢

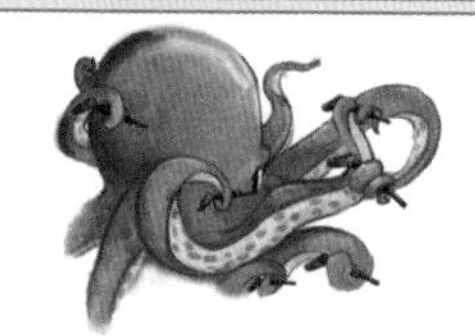

名称：章巨（大章鱼）
类别：软体动物
特征：身体柔软，有八只触手

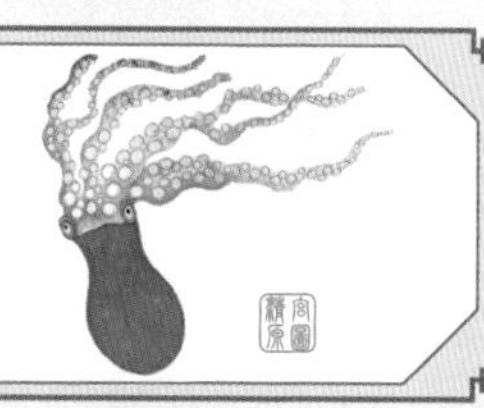

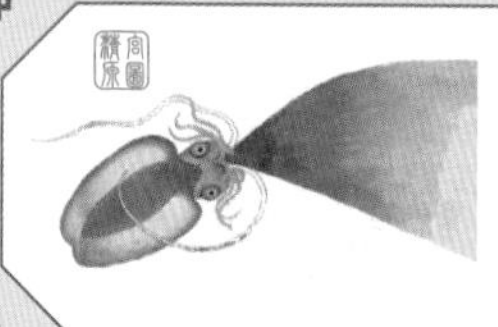

名称：墨鱼（乌贼）
类别：软体动物
特征：有多只触手，可以喷射墨汁

名称：蛇（海蜇）
类别：刺胞动物
特征：身体透明，有毒刺

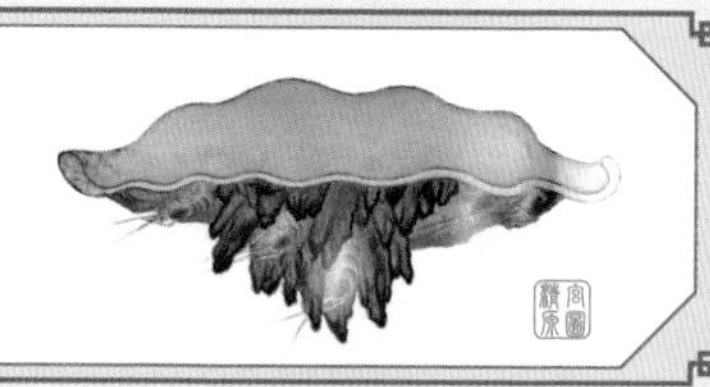

名称：海凫（秋沙鸭）
类别：鸟类
特征：嘴扁，有羽冠

海错档案

名称：海鹅（雪雁）
类别：鸟类
特征：形体似鹅，一次性换羽

名称：海鸡
类别：鸟类
特征：似鸡而无冠，白色有斑纹

名称：金丝燕
类别：鸟类
特征：羽毛黑褐，或有蓝色光泽，灵敏善飞

名称：蜃
类别：传说动物
特征：形如贝类，体形巨大，可以制造幻象

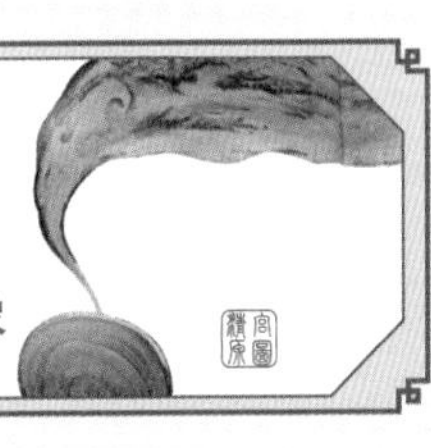

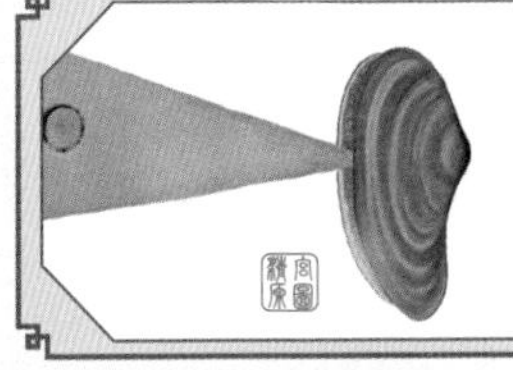

名称：珠蚌
类别：软体动物
特征：外壳坚硬，可产珍珠

海错档案

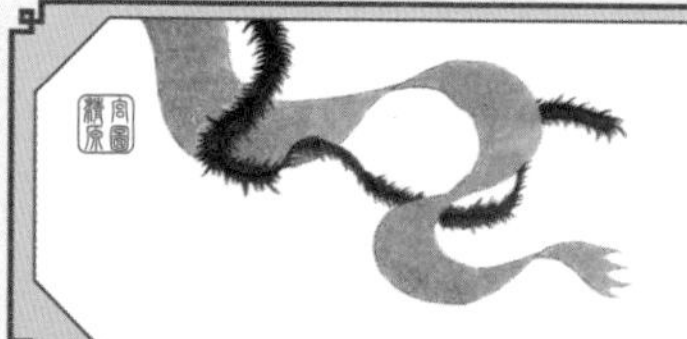

名称：海带
类别：藻类
特征：形态窄长，如旗如带

名称：巨蚶（砗磲）
类别：软体动物
特征：大如簸箕，壳上纹理如车辙

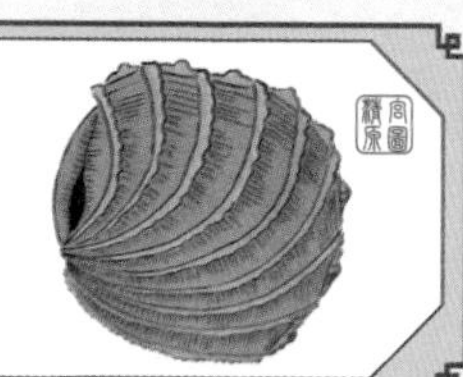

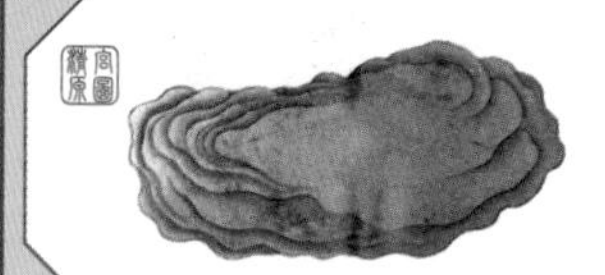

名称：牡蛎
类别：软体动物
特征：有壳，味道鲜美

名称：珊瑚
类别：腔肠动物
特征：体形微小，死后骨骼化为珊瑚树

名称：鼋（大鳖）
类别：爬行类
特征：寿命长，生命力强

海错档案

名称：鼍（扬子鳄、猪婆龙）

类别：爬行类

特征：体形最小的鳄鱼之一，性情温驯

名称：玳瑁

类别：爬行类

特征：大海龟，咬合力强，消化力强

名称：鹰嘴龟（旋龟、平胸龟）

类别：传说动物

特征：大如簸箕，口呈鹰嘴形

名称：鲎（马蹄蟹）

类别：节肢动物

特征：形态似蟹，有尖尾，血液呈蓝色